D1664650

EUL
VERLAG

Prof. Dr. Jan Marco Leimeister
Prof. Dr. Helmut Krcmar
(Herausgeber)

Gedruckte Polymer-RFID-Transponder

Erste Erfahrungen und Erkenntnisse aus dem Forschungsprojekt PRISMA

Bibliographische Information der Deutschen Bibliothek

Die Deutsche Bibliothek verzeichnet diese Publikation in der Deutschen Nationalbibliothek; detaillierte bibliographische Daten sind im Internet über <http://dnb.ddb.de> abrufbar.

ISBN 978-3-89936-762-1
1. Auflage Februar 2009

JOSEF EUL VERLAG GmbH
Brandsberg 6
D-53797 Lohmar
Tel.: +49 (0) 22 05 / 90 10 6-6
Fax: +49 (0) 22 05 / 90 10 6-88
http://www.eul-verlag.de
info@eul-verlag.de

Bei der Herstellung unserer Bücher möchten wir die Umwelt schonen. Dieses Buch ist daher auf säurefreiem, 100% chlorfrei gebleichtem, alterungsbeständigem Papier nach DIN 6738 gedruckt.

Vorwort

Radio-Frequenz-Identifikation (RFID)-Transponder auf Polymerbasis sind eine innovative Weiterentwicklung herkömmlicher, siliziumbasierter RFID-Transponder. Diese Transponder werden mittels druckbaren, elektrisch leitfähigen und halbleitenden Polymeren im Rahmen eines Druckprozesses auf dünnen Kunststofffolien aufgedruckt, weswegen sie auch als gedruckte RFID-Tags oder „printed electronics“ bezeichnet werden. Sie haben gegenüber herkömmlichen RFID-Transpondern den Vorteil, dass sie dünner sowie elastischer und dadurch mechanisch wesentlich unempfindlicher sind. Außerdem sind die Herstellungskosten für gedruckte RFID-Transponder deutlich geringer als für herkömmliche RFID-Transponder.

Wegen dieser vorteilhaften Eigenschaften bietet es sich an, gedruckte RFID-Tags für Anwendungsgebiete einzusetzen, in denen sich ein Einsatz herkömmlicher RFID-Systeme aus Kosten- oder Materialgründen bislang kaum lohnt, beispielsweise für das Ticketing im Öffentlichen Nahverkehr. Durch die neue Technologie hat die RFID-Technik also die Chance, in weitere Einsatzgebiete Einzug zu erhalten und auch dort ihren vielerwähnten Nutzen zu stiften. Da sich die polymerbasierte RFID-Technologie aber noch in einem frühen Entwicklungsstadium befindet, bleibt zu hoffen, dass sie sich in naher Zukunft zur Marktreife etablieren wird. Im Rahmen des Forschungsprojektes PRISMA wurden erste Prototypen polymerbasierter RFID-Tags entwickelt und deren Einsatz in ausgewählten Anwendungsszenarien getestet. Die in vielerlei Hinsicht nutzenstiftenden und vorzeigewürdigen Ergebnisse aus dieser Projektarbeit werden in den Beiträgen des vorliegenden Herausgeberbandes präsentiert.

Das dreijährige Forschungsvorhaben (Laufzeit: September 2005 bis November 2008) mit einem Volumen von 8,2 Millionen Euro ließ sich nicht ohne bereitwillige und engagierte Förderer und Projektpartner realisieren. Wir möchten daher dieses Vorwort dazu nutzen, um einigen Personen und Institutionen unseren Dank auszusprechen: Unser besondere Dank ebenso wie der Dank des Projektkoordinators gilt dem Bundesministerium für Bildung und Forschung, das das Projekt im Rahmenprogramm „Mikrosysteme“ unter dem Förderkennzeichen 16SV2046 finanziert hat. Ferner gilt unser Dank dem Projektträger VDI/VDE Innovation + Technik GmbH für die Betreuung des Vorhabens. Insbesondere möchten wir Frau Dr. Yvette Kaminorz vom Projektträger VDI/VDE Innovation + Technik GmbH für die immer konstruktive Unterstützung danken.

Unser persönlicher Dank gebührt auch Herrn Dr. Wolfgang Clemens und Herrn Matthias Klusmann von der Firma Poly IC GmbH für ihre Projektmitarbeit, insbesondere aber auch für die Übernahme der engagierten Projektkoordination. Außerdem danken wir allen beteiligten Projektpartnern und -mitarbeitern für ihren unermüdlichen und engagierten Einsatz, ohne den dieses Projekt nicht möglich gewesen wäre. Dies sind im Einzelnen Michael Charles von der Höft & Wessel GmbH, Frank Lahner und Dr. Peter Thamm von der Siemens AG, Dr. Oliver Muth von der Bundesdruckerei GmbH, Stefan Scheller von der Bartsch International GmbH, Gabriele Roithmeier und Dr. Nobert Lutz von der Firma Leonhard Kurz Stiftung & Co. KG sowie Uta Knebel und Ulrich Bretschneider vom Lehrstuhl für Wirtschaftsinformatik der Technischen Universität München.

Wir hoffen, dem Leser eine spannende und nutzenstiftende Lektüre an die Hand geben zu können, und wünschen dem Band seine gebührende weite Verbreitung.

München im Januar 2009

Prof. Dr. Jan Marco Leimeister und Prof. Dr. Helmut Krcmar

Inhaltsübersicht

Einleitung

Wolfgang Clemens

Inhaltsverzeichnis

1. Gedruckte-RFID-Tags als Untersuchungsgegenstand des vorliegenden Herausgeberbandes

Radio-Frequenz-Identifikation (RFID)-Transponder auf Polymerbasis gelten als innovative Weiterentwicklung herkömmlicher RFID-Transponder (vgl. Clemens, 2007, S. 10; Subramanian et al. 2005; Toensmeier 2005). Diese Transponder, auch „Tags" genannt, werden mittels druckbaren, elektrisch leitfähigen und halbleitenden Polymeren im Rahmen eines Druckprozesses auf dünnen Kunststofffolien aufgedruckt, weswegen sie auch als gedruckte RFID-Tags bezeichnet werden. Hierbei wird der elektronische Teil des Transponders, der so genannte Chip, gedruckt und dann auf eine metallische Antenne als Überträger des Radio-Frequenzsignals aufgebracht.

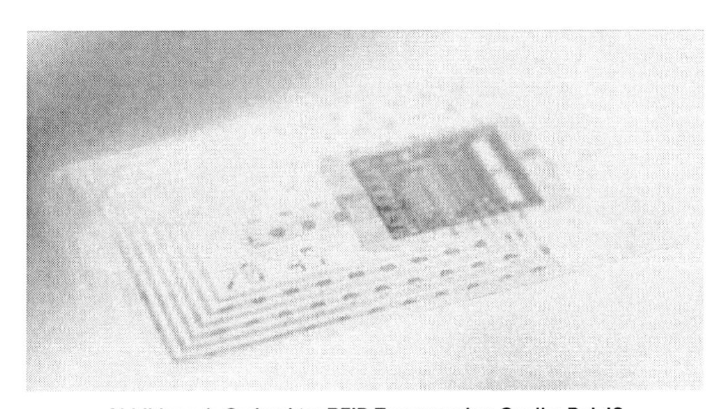

Abbildung 1: Gedruckter RFID Transponder; Quelle: PolyIC

Durch die neue Technologie haben die gedruckten RFID-Transponder gegenüber herkömmlichen RFID-Transpondern, deren Chips auf Siliziumbasis hergestellt werden, einige entscheidende Vorteile. Obwohl mit den herkömmlichen RFID-Transpondern schon eine große Fülle an Anwendungen, im Bereich Logistik, Identifizierung und Automatisierung realisiert werden, haben die Silizium-Tags einige Nachteile, die von den gedruckten RFIDs überwunden werden können: Silizium ist ein sehr starres und brüchiges Material, wodurch die Siliziumchips anfällig gegenüber mechanischen Belastungen, wie zum Beispiel Stößen oder Biegekräften sind. Im Vergleich dazu sind die gedruckten RFID-Tags, dünner und elastischer und dadurch mechanisch wesentlich unempfindlicher. Zudem ist die Produktion dieser neuartigen Tags in preiswerten Prozessen hochvolumig zu realisieren, da die Herstellung der Tags mit der Bedruckung neuartiger leitfähiger und halbleitender Materialien direkt auf ihren Trägermaterialien (üblicherweise Polyester-Folie) erfolgt. Dies kann sogar im Rolle-zu-Rolle Druckprozess erfolgen. Die Herstellung von Silizium-Transpondern erfolgt dagegen in vielen einzelnen Prozessschritten auf einzelnen Wafern in sehr teuren Reinräumen und auch die Aufbringung der Chips auf die Antennen ist relativ aufwändig (vgl. Kern 2006, S. 187). Eine logische Folge daraus sind die unterschiedlichen Herstellkosten für die beiden Arten von RFID-Transpondern. Diese sind wegen der erforderlichen Einzelschritte für einen Siliziumchip um ein Vielfaches höher als für druckbare RFID-Tags (in Anlehnung an Lampe/Flörkemeier/Haller 2005, S. 83).

Abbildung 2: Rolle-zu-Rolle Druckverfahren zur Herstellung gedruckter RFID Transponder; Quelle: PolyIC

Auf Grund dieser Vorteile, die die neuartigen Tags gegenüber siliziumbasierten Transpondern aufweisen, bieten gedruckte Tags ideale Bedingungen für spezifische Einsatzgebiete. So kann der gedruckte RFID-Tag wegen seiner relativ geringen

Herstellungskosten für Einsatzzwecke herangezogen werden, in denen ein massenhafter sowie einmaliger Gebrauch von RFID-Transpondern sich als nützlich erweist. Beispielsweise bietet sich der Einsatz dieser Tags im Logistikbereich an, für den eine effizientere Warenrückverfolgung unterstützt werden kann, indem die Waren mit Aufklebern versehen werden, auf denen diese Tags aufgedruckt sind.

Hierbei ist jedoch zu beachten, dass die Technologie der gedruckten Tags noch sehr jung ist und sich erst etablieren muss. Es gibt aktuell noch keine frei käuflichen Produkte hierzu und die Performance, insbesondere was die Speicherkapazität angeht, ist ebenfalls noch recht gering. Die gedruckten Tags basieren allerdings schon auf der international standardisierten Funkfrequenz von 13.56 MHz.

2. Das Forschungsprojekt PRISMA

Im Mittelpunkt des Forschungsprojektes mit dem Akronym PRISMA (**pri**nted **Sma**rt Labels) stand die Entwicklung der gedruckten RFID-Tags. Während der dreijährigen Projektlaufzeit von 2005 bis 2008 wurden erste, einsatzfähige Prototypen solcher Tags sowie entsprechende Lesegeräte hervorgebracht. Neben der primären Entwicklung solcher prototypischen Polymer-RFID-Systeme wurde im Rahmen des Projektes der Einsatz dieser innovativen RFID-Systeme im Bereich der Eventorganisation, des Öffentlichen Nahverkehrs sowie der Sicherheitsdokumente getestet. Die nachfolgende Abbildung gibt die Projektstruktur wieder, die sich durch drei Hauptphasen darstellt:

Entwicklung von polymeren RFID-Tags und spezifischen Lesegeräten

Unter Beteiligung der Projektpartner Kurz, PolyIC, Siemens sowie Höft & Wessel

Konfektionierung von polymeren RFID-Tags für den Testeinsatz im Bereich Öffentlicher Nahverkehr, Eventorganisation sowie Sicherheitsdokumente

Unter der Beteiligung der Projektpartner Kurz, Bartsch sowie Bundesdruckerei

Evaluation in den Anwendungsszenarien Öffentlicher Nahverkehr, Eventorganisation sowie Sicherheitsdokumente

Unter Beteiligung der Projektpartner Höft & Wessel, Bundesdruckerei, Bartsch sowie Technische Universität München

Abbildung 3: Struktur des Forschungsprojektes PRISMA, Quelle: Eigene Darstellung

An dem vom Bundesministerium für Bildung und Forschung (BMBF) mit einem Volumen von mehr als 8 Millionen Euro geförderten Verbundprojekt beteiligten sich die Unternehmen PolyIC GmbH & Co. KG, Höft und Wessel AG, Kurz Stiftung & Co. KG, Siemens AG, Bartsch International GmbH sowie die Bundesdruckerei GmbH und der Lehrstuhl für Wirtschaftsinformatik (Prof. Dr. H. Krcmar) der Technischen Universität München. Als Projektträger fungierte der VDI/VDE/IT, Berlin.

3. Zielsetzung des Herausgeberbandes

Das Forschungsprojekt PRISMA war als Verbundprojekt organisiert, in dem jeder Projektpartner im Rahmen seines eigenen Teilprojektes Aufgaben übernahm, die zum Gelingen des oben dargelegten Gesamtzieles beitrugen. Die Beiträge im vorliegenden Herausgeberband thematisieren ausgewählte Erfahrungen und Ergebnisse, die die Projektpartner im Rahmen ihrer spezifischen Aufgabenstellungen gesammelt bzw. erreicht haben. Dabei gehen die Beiträge auf Aspekte der Tag-Entwicklung, der Konfektionierung, der Entwicklung spezifischer System-Hardware sowie der Evaluation und Beschreibung ausgewählter Anwendungsszenarien ein.

Die Beiträge im vorliegenden Band präsentieren einen Einblick in den aktuellen Stand der Forschung und Entwicklung im Bereich gedruckter RFID-Tags, da die Ergebnisse aus dem Forschungsprojekt PRISMA bis dato als wegweisend bezeichnet werden können. Die vorgestellten Ergebnisse zeigen, dass diese neue Technologie in den untersuchten aber auch in vielen weiteren Bereichen ein großes Potenzial hat. Aus diesem Grund wird die Etablierung dieser innovativen Technologie nicht lange auf sich warten lassen.

4. Literaturverzeichnis

CLEMENS, W.; MILDNER, W.; BERGBAUER, B. (2007): NEW HIGH VOLUME APPLICATIONS WITH PRINTED RFID AND MORE, IN: MST-NEWS, NR. 5, S. 10-12.

KERN, C. (2006): ANWENDUNGEN VON RFID-SYSTEMEN, BERLIN.

LAMPE, M.; FLÖRKEMEIER, C.; HALLER, S. (2005): EINFÜHRUNG IN DIE RFID-TECHNOLOGIE, IN: MATTERN, F. (HRSG.): DAS INTERNET DER DINGE: UBIQUITOUS UND RFID IN DER PRAXIS, BERLIN, S. 69-87.

SUBRAMANIAN, V.; FRECHET, J. M. J. ; CHANG, P.C. ; HUANG, D.C. ; LEE, J. B. ; MOLESA, S. E.; MURPHY, A. R.; REDINGER, D. R.; VOLKMAN, S. K. (2005): PROGRESS TOWARD DEVELOPMENT OF ALL-PRINTED RFID TAGS: MATERIALS, PROCESSES, AND DEVICES, IN: PROC. IEEE, VOL. 93, NO. 7, S. 1330-1338.

TOENSMEIER, P. A. (2005): AS RFID APPLICATIONS INCREASE, SUPPLIERS LOOK TO LOWER ITS COSTS, IN: PLASTICS ENG., VOL. 61, S. 16-18.

Entwicklung und Bereitstellung von gedruckten RFID Tags

Wolfgang Clemens und Matthias Klusmann

Inhaltsverzeichnis

1. Einleitung

PolyIC entwickelt, produziert und vermarktet gedruckte Elektronik mit dem Schwerpunkt gedruckte RFID (Radio Frequenz Identification) Tags basierend auf der international standardisierten Radiofrequenz von 13,56 MHz. Gedruckte Elektronik ist eine neue Technologie, basierend auf leitenden, halbleitenden und isolierenden organischen Materialien, die in hochqualitativen Druckprozessen vorzugsweise in Rolle-zu-Rolle Prozessen auf Kunststofffolie (Polyester) aufgebracht werden. Dies ermöglicht dünne, flexible und sehr preiswerte Elektronikanwendungen in Bereichen, wo konventionelle Elektronik kaum oder gar nicht eingesetzt werden kann. Gedruckte RFID Tags von PolyIC basieren auf gedruckten elektronischen Schaltungen, die als flexible Chips auf RFID Antennen aufgebracht werden. Die Grundlagen zur gedruckten Elektronik sind in den Referenzen 1-3 dargestellt. Das Projekt PRISMA eröffnete für PolyIC nun die Möglichkeit, jenseits der eigentlichen Entwicklung der gedruckten Elektronik an sich, spezifische Anforderungen konkreter Anwendungsszenarien an gedruckte RFID Tags zu sammeln und diese bei der Entwicklung von produktnahen Prototypen einfließen zu lassen und schließlich in Feldtests zu evaluieren. Die spezifischen Anforderungen spiegeln die einzelnen Bedürfnisse der Verbundpartner wider. Dies wird angestrebt, weil völlig neue Materialien und Prozesse zur Herstellung der gedruckten RFIDs zum Einsatz kommen. Weiterhin werden Fertigungstechniken, die sich bereits in der Entwicklung bewährt haben, unter realistischen Bedingungen auf die spätere für die Massenfertigung geeignete Tauglichkeit untersucht.

Die verschiedenen Anforderungen an das gedruckte RFID Tag wurden in physikalische und elektrische Anforderungen unterteilt. Zu den physikalischen Anforderungen zählen beispielsweise mechanische, chemische und Temperatur-Belastungen, die die Tags überstehen müssen, damit sie in die verschiedensten Tickets und Sicherheitskarten eingebracht werden können. Hier mussten spezielle Anforderungen für Biegebelastung und Zugbelastung ermittelt und in die Entwicklung einbezogen werden. Ein hier nicht zu vernachlässigender Punkt war unter anderem die Haltbarkeit gegenüber Heißklebern und Druck zur Verbindung der Tags mit anderen Substraten zur Ticketherstellung.

Bei den elektrischen Beanspruchungen ist zu nennen, wie stark z. B. das elektromagnetische Feld sein kann bzw. sein muss, damit das Tag sicher ausgelesen werden kann. Ferner ist bedingt durch die Neuheit und die generellen Eigenschaften der neuen Technologie der gedruckten Elektronik auch die allgemeine Performance, z. B. die benötigte Datenmenge auf dem Chip ein wichtiges Thema in PRISMA.

Die Anforderungen der einzelnen Verbundpartner reflektieren sich in den verschiedenen Konfektionierungsformen der Inlays. Als Inlay wird das fertige RFID-Tag bezeichnet, das aus einem Chip besteht, der mit einer Antenne verbunden ist und mit einer Folie einlaminiert auf Rolle zur weiteren Verarbeitung zur Verfügung gestellt wurden. Die gesammelten Anforderungen und Ergebnisse flossen und fließen in die Herstellung und die Konfektionierung der einzelnen Pilotprodukte ein. Hierzu gehört auch, dass in Laboraufbauten einzelne Demonstratoren, Prototypen und Testchips aufgebaut wurden. Dazu wurden auf Basis des aktuellen Technologiefortschritts mit einem angepassten Chipdesign entsprechende Schaltungen realisiert, entweder im Labor als Demonstratoren, als Prototypen auf Druckmaschinen oder in einem Zwischenstadium als hybride Aufbauten gemischt aus Druck- und Laborprozessen. Ebenso wurden bei PolyIC auch eigene Lesegeräte für Labor- und Feldtests aufgebaut, mit deren Hilfe auch die Lesegeräteentwicklung bei Siemens unterstützt wurde und die das Durchführen der Feldtest ermöglicht haben.

Die in dem Projekt gesammelten Erfahrungen fließen in die weitere Herstellung von Tags für künftige Massenmärkte ein. Die Tags wurden mit den eigens für diese Feldversuche entwickelten Lesegräten erprobt.

2. Vorgehen im Projekt

2.1 Was wurde gemacht

Das Projekt wurde in verschiedene Arbeitspakete eingeteilt, die bei PolyIC parallel bearbeitet wurden. Neben der Gesamtkoordination des Projektes hatte PolyIC die Verantwortung für folgende Arbeitspakete:

- Spezifikation und gedruckte RFID Tag Entwicklung.
- Das Arbeitspaket gedruckte RFID Tag Entwicklung wurde aufgrund seiner Komplexität in drei Unterarbeitspakete aufgeteilt. Diese Pakete heißen:
    - Chipdesign,
    - Tagaufbau
    - Prototypen Reader Entwicklung

Das gesamte Projekt ist in seinem Ablauf darauf ausgerichtet gewesen, die entwickelten produktnahen Prototypen in Feldtestszenarien zu erproben. Die im Folgenden beschriebenen Arbeitspakete geben im Wesentlichen dieses Vorgehen wieder. Am Anfang des Projektes stand die Spezifikationsphase.

2.1.1 Spezifikation

In dieser Phase wurden alle Anforderungen der Verbundpartner gesammelt. Die verschiedenen Anforderungen unterteilen sich in mechanische, physikalische und funktionelle Anforderungen. Die gesammelten Anforderungen werden bewertet und gegen eine technische Machbarkeit abgewogen, die im Rahmen des Projektes realisierbar war. Die technische Machbarkeiten, Anforderungen und fertigungsbedingten Vorgaben wurden so spezifiziert und schriftlich in einer Spezifikation fixiert. Die so entstandene Spezifikation, die für jedes Anwendungsszenarium leicht anders aussah, wurde während der Projektlaufzeit als lebendes Dokument geführt. Das bedeutet, dass sie den aktuellen Stand innerhalb des Projektes zur jeweiligen Zeit wiedergab.

Des Weiteren wurde im Zuge der Spezifikation eine Roadmap erstellt. Diese Roadmap gab in der Projektlaufzeit den angestrebten technischen Entwicklungsstand wieder und schuf so für die Projektpartner eine Planungssicherheit. Die so gesammelten Anforderungen flossen in das nächste hier beschriebene Arbeitspaket ein.

2.1.2 Gedruckte RFID Tag Entwicklung

Das Arbeitspaket der gedruckten RFID Tag Entwicklung wurde das ganze Projekt über betrieben. Im Verlaufe der Zusammenarbeit mit den Projektpartnern konnte man neue Anforderungen generieren und andere revidieren. Die Anforderungen der Verbundpartner flossen in das Chipdesign und den allgemeinen Tagaufbau ein. Das Chipdesign beinhaltet das Erstellen und Simulieren der einzelnen elektrischen Schaltungen, die den Chip bilden. In diesem Arbeitspaket wurden auch einzelne Prototypen-Reader hergestellt. Diese werden benötigt, um zu überprüfen, ob die einzelnen Anforderungen an das RFID Tag erfüllt wurden.

2.1.2.1 Chipdesign

In dem Teil-Arbeitspaket Chipdesign wurden die verschieden funktionalen Anforderungen an das Chipdesign umgesetzt. Dies beinhaltet die Schaltungssimulation, den Schaltungsentwurf sowie Umsetzung in ein Layout. Das Layout muss dem jeweiligen Herstellungsprozeß angepasst werden. In dem Projekt wurden speziell für die Entwicklung des Readers bei der Siemens AG RFID-Tags mit Hilfe von Reinraumprozessen hergestellt. Diese Tags wurden so designed, dass diese im Wesentlichen die Funktionalität der später im Druckprozess hergestellten vollgedruckten RFID-Tags nachbildeten. Die im Chipdesign erzeugten Layouts bilden die Basis für die Produktion von gedruckter Elektronik.

2.1.2.2 Tag Aufbau

Der im Arbeitspaket Chipdesign erstellte Chip wurde im Rolle-zu-Rolle-Prozess gedruckt. Als Substrat wird hochqualitative PET Folie verwendet, wobei mehrere Spuren von Chips auf Rollen von teilweise über 1km Länge in hochauflösenden Mehrschichtprozessen aufgebracht werden. Die einzelnen Chips haben jeweils eine Größe von ca. 2 x 3 cm^2 und werden nach dem Herstellungsprozess vereinzelt.

Nachdem der Chip so vereinzelt worden ist, wird er, um das RFID-Tag zu ergeben, mit einer Antenne verbunden. Dieser Prozess wurde im Laufe des Projektes ständig verbessert und den unterschiedlichen Anforderungen, z. B. durch wechselnde Antennenformen, angepasst. Die permanente Optimierung dieser Prozessschritte machte es möglich den Projektpartnern tausende mit Chips versehene Antennen, also „Tags" für ihre eigenen Versuche oder die Feldtests zur Verfügung zu stellen. Dieses Teilarbeitspaket wurde in enger Zusammenarbeit mit dem Projektpartner Leonhard Kurz durchgeführt.

2.1.2.3 Prototypen Reader

Um die hergestellten Tags bewerten und benutzen zu können wurden Lesegeräte benötigt. Diese Lesegeräte unterscheiden sich gravierend von denen, die die Siemens AG in diesem Projekt entwickelt hat. Im Laufe des Projektes stieg die Funktionalität der hergestellten RFID-Tags. Dies zog auch eine kontinuierliche Weiterentwicklung der Lesegeräte nach sich. Die Lesegeräte werden vorwiegend im Labor eingesetzt. Für die sogenannten RF-Tags wurde ein spezielles Lesegerät von PolyIC entwickelt. Diese Geräte ermöglichten es, zusammen mit den in hohen Volumen hergestellten RF-Tags, die Feldtests innerhalb des Projektes PRISMA durchzuführen.

Ein RF-Tag ist im Wesentlichen ein Resonanzkreis, der aus einer Spule und einem gedruckten Kondensator besteht. Dieses Tag hat zwar eine relativ geringe Funktionalität, lässt sich aber einwandfrei detektieren und hat in den verschiedenen Feldtestszenarien seine Einsatzfähigkeit in den verschiedenen Anwendungsbereichen unter Beweis gestellt. Diese Tags dienten somit im Wesentlichen dazu, die grundlegenden Konfektionierungs- und Anwendungstests durchzuführen, bevor die eigentlichen gedruckten RFID Tags in größeren Stückzahlen zur Verfügung stehen.

2.2 Was wurde erreicht

Das Projekt war von seinem Ablauf darauf ausgelegt, gedruckte Elektronik in großen Mengen zu erzeugen und als RFID-Tags in Feldtests zu erproben. Da man hier eine völlig neue Technologie zum Einsatz brachte, konnte man sich nicht auf Erfahrungswerte stützen. Diese wurden im Laufe des Projektes erarbeitet.

Um eine sichere und kontinuierliche Entwicklung der Chips innerhalb des Projektes zu gewährleisten, wurden zwei unabhängige aber funktional verknüpfte Entwicklungswege beschritten. Hier stehen sich die im Reinraumprozess erzeugten Schaltungen und die im Rolle-zu-Rolle-Prozess gedruckten Schaltungen gegenüber.

Mit Hilfe der im Reinraum erzeugten Schaltungen wurden verschiedenste schaltungstechnische Parameter evaluiert. Ein großer Vorteil dieses Prozesses ist seine schnelle Umsetzungsgeschwindigkeit. Innerhalb des Projektes wurde es so ermöglicht, die prinzipiellen Möglichkeiten im Ansatz zu zeigen. Als ein sehr gutes Beispiel ist hier der erste polymer basierte und induktiv gekoppelte 64 Bit RFID-Tag zu nennen. Der Chip dieses Tags Chip benutzt ein einfaches Protokoll mit dem die einzelnen Bits, die die Nutzdaten als Festspeicher enthalten, kodiert werden. Dieses Ergebnis ist in das Projekt PRISMA eingeflossen, um die zukünftige Leistungsfähigkeit der vollgedruckten RFID-Tags zu zeigen. Des Weiteren wurden im Reinraumprozess alle in dem Projekt anvisierten RFID-Tags mit verschiedener Funktionalität hergestellt. Dieses Vorgehen ermöglichte es, die Readerentwicklung mit der Siemens AG voranzutreiben. Siemens war so in der Lage seinen Reader auf die jeweiligen Protokolle anzupassen. Siemens wurden folgende Tagvarianten zur Verfügung gestellt: RO-Tags (entspricht einem oszillierenden Signal), Bistate-Tags (entspricht 1bit Signal) und 4 Bit-Tags.

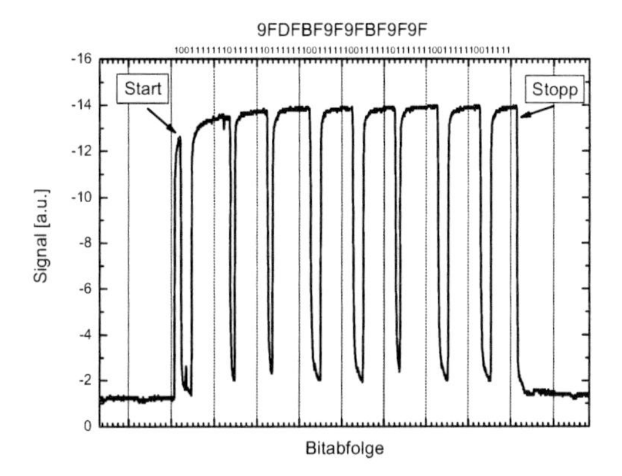

Abb. 1: Signal eines in Reinraumprozessen hergestellten 64bit RFID Tags, basierend auf polymeren Halbleitern, induktiv gekoppelt bei einer Radio-Frequenz von 13.56 MHz; Quelle: PolyIC

Dieses Vorgehen war nötig, weil eine zeitliche Lücke zwischen der schnellen Entwicklung im Reinraum und der Überführung dieser Entwicklungsergebnisse in den Rolle zu Rolle Druckprozess besteht.

Innerhalb der anvisierten Projektlaufzeit konnten RF-Tags, RO-Tags, Bistate-Tags und 4Bit Transponder-Chips im Rolle zu Rolle Prozess hergestellte und teilweise zur Verfügung gestellt werden.

Abb. 2: Dem Projekt zur Verfügung gestelltes Material (RF-Inlays (im Hintergrund), RO-Inlays (rechts); RF-Lesegerät (Mitte); Quelle: PolyIC

Im Laufe des Projektes konnten erstmals RF-Tags in Stückzahlen bis zu ca. 100.000 und mehr zur Verfügung gestellt werden. Da die höherfunktionalen Tags (RO-, Bistate- und 4-Bit Tags) dem Projekt nur in kleinen Stückzahlen zur Verfügung gestellt werden konnten, wurden alle Feldtests mit diesen RF-Tags durchgeführt. Speziell für die RF-Tags wurde ein Lesegerät entwickelt. Mit dem Lesegerät ist es möglich die RF-Tags zu erkennen und die einzelnen erkannten RF-Tags zu zählen. Diese Funktionalität wurde in den Feldtest genutzt, um Besucherströme vor einem zeitlichen Hintergrund zu erfassen und auszuwerten. Diese Informationen wurden den verschieden in die Feldtests eingebundenen Messeveranstaltern zur Verfügung gestellt. Alle großen Feldtests wurden von der Technischen Universität München (TUM) im Rahmen ihres Arbeitspaketes der Formativen Evaluation begleitet. Die TUM wertete die gesammelten Informationen aus. Die so gewonnenen statistischen Daten wurden durch eine Umfrage ergänzt. Die durchgeführten Umfragen hatten zusätzlich die Aufgabe eine Kundenakzeptanz, sowie im Allgemeinen eine Akzeptanz der hier neu vorgestellten Technik zu ermitteln. Die ermittelten Ergebnisse finden sich in dem Kapitel der Technischen Universität München.

Abb. 3: RF-Lesegerät im Feldtesteinsatz; Quelle: PolyIC

Neben dem RF-Lesegerät wurden auch die im Labor eingesetzten Lesegeräte kontinuierlich weiterentwickelt, um mit der RFID-Tag-Entwicklung Schritt zu halten.

2.2.1 Die verschiedenen RFID-Tags

Im Folgenden wird beschrieben welche Tags dem Projekt PRISMA von PolyIC zur Verfügung gestellt wurden und welche Funktionalität sich hinter den einzelnen Namen verbirgt. Hier sind 2 Herstellungsprozesse zu unterscheiden. Es sind der Reinraumprozess und der Rolle-zu-Rolle-Prozess. Zeil des Projektes war es, gedruckte Elektronik, die im Rolle-zu-Rolle-Prozess hergestellt wurde, zum Einsatz zu bringen. Der Reinraumprozess ist hier als unterstützender Entwicklungsprozess zu sehen.

Name	Funktionsbeschreibung	Herstellungs-prozess	Anwendung	Stückzahl
RF-Tag	Tag besteht aus einer Spule und einem Kondensator, die auf eine Frequenz von 13.56 MHz abgestimmt sind	Rolle zu Rolle	Feldtests Konfek-tionierungs Versuche	>100 000
RO-Tag	Der RO-Tag ist ein Tag, der bei einer Frequenz von 13,56 MHz ein Signal im Takt seines Ringmodulators via einer Lastmodulation sendet.	Reinraum Rolle zu Rolle	Reader-Entwicklung Konfek-tionierungs-versuche	>100
Bistate-Tag	Dieses Tag gibt je nach Konfiguration via Lastmodulation zwei voneinander zu unterscheidende Zustände (0 oder 1) aus.	Reinraum Rolle zu Rolle	Reader-Entwicklung	>100
4 bit-Tag	Dieses Tag hat fest programmierte 4bit Signale.	Reinraum Rolle zu Rolle (nur Transponder Chip)	Reader-Entwicklung	Einzelne
64-Bit-Tag	Mit diesem Tag wurde ein ‚Proof of Priciple' nachgewiesen. Es hat eine Speichertiefe von 64 Bit, die in ein einfaches Protokoll eingebettet sind	Reinraum	Demonstrator	Einzelne

Abb. 4: Die verschiedenen RFID-Tags, die im Rahmen des Projektes realisiert wurden; Quelle: PolyIC

2.2.2 Feldtests

Für die Feldtests wurden große Stückzahlen von RFID-Tags benötigt. Da aufgrund der völlig neuen Herstellungsmethoden von den hochfunktionalen RFID-Tags innerhalb des Projektes nur geringe Stückzahlen dieser Tags angeboten werden konnten, wurden alle größeren Feldtests mit den in großen Stückzahlen verfügbaren RF-Tags durchgeführt.

Bei den Feldtests steckten die Probleme nicht in der Durchführung der einzelnen Tests, sondern in deren Vorbereitung. Für alle durchgeführten Tests mussten genügend Tags in hinreichender Qualität vorhanden sein. Das bedeutete für den 1. Feldtest, der bei der ‚Organic Electronic Conference 2007' in Frankfurt durchgeführte wurde, dass ein Lesegerät für RF-Tags vorhanden sein musste. Die bis dahin vorhandenen Prototypen wurden für diesen Feldtest stark modifiziert und mit einem Mikrokontroller ausgestattet, der eine Kommunikation zu den die Daten erfassenden Personal Computern ermöglichte.

So erhielt man ein Lesegerätsystem, welches aus dem RF-Tag, dem RF-Lesegerät und einem Personal Computer besteht. Dieses System wurde für die nachfolgenden Feldtests weiter entwickelt und an die spezifischen Feldtestanforderungen angepasst.

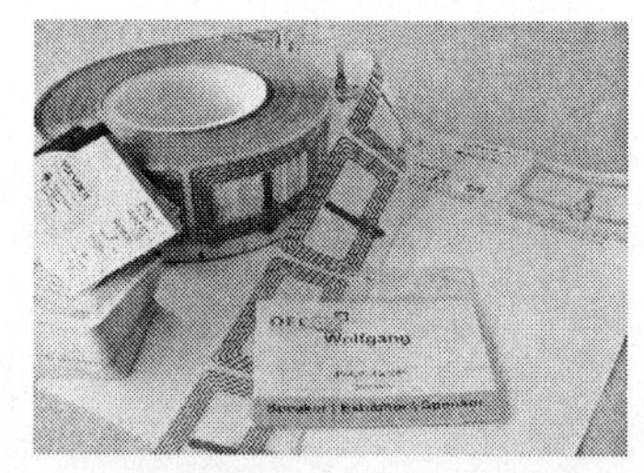

Abb. 5: Badges für den OEC-Feldtest mit integriertem gedruckten RF-Tag; Quelle: PolyIC

Abb. 6: Check in beim OEC-Feldtest; Quelle: PolyIC

Diese Anforderungen wurden auch an die RF-Tags gestellt. Im Einzelnen hieß das, dass für jeden Feldtest das Erscheinungsbild der RF-Tags geändert werden musste. Dieser Herausforderung stellte sich die Firma Bartsch International, die die RF-Tags in dem mit dem jeweiligen Messeveranstalter abgestimmten Designs konfektionierte. Hierbei musste im Vorfeld geklärt werden, ob die so hergestellten Zutrittsausweise vor Ort von dem Veranstalter personalisiert (z. B. mit einem handelsüblichen Laserdrucker bedruckt) werden können.

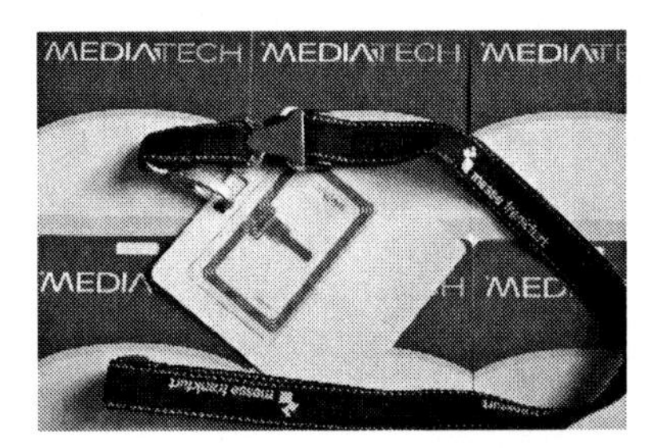

Abb. 7: Badges für die Media Tech Expo 2008, Frankfurt; Quelle: PolyIC

Abb. 8: Zutrittsüberwachtes Präsentationstheater auf der Media Tech Expo 2008; Quelle: PolyIC

Jede Konfektionierungsform musste überprüft werden, ob bei ihrer Herstellung die gedruckte Elektronik beschädigt wurde und ob sie die Anforderungen, die an die fertig konfektionierten Badges gestellt wurden, erfüllen. Hier lag ein wesentliches Augenmerk auf das Erscheinungsbild der Badges und deren Funktionalität, um einen reibungslosen Ablauf der Feldtest zu gewährleisten.

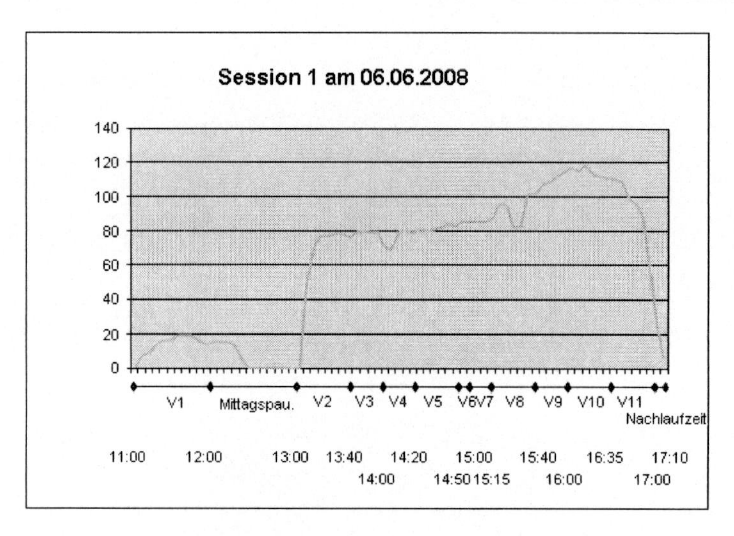

Abb. 9: Beispiel für einen aufgezeichneten Besucherverlau auf der Media Tech Expo 08 (‚V' steht in dem Diagramm für Vortrag); Quelle: PolyIC

In den Feldtests bei der OEC07 Konferenz und Mediatech08 Messe wurden die gedruckten Tags einerseits zur elektronischen Eingangskontrolle verwendet und andererseits für ausgewählte Vortragsreihen zur elektronischen Messung der Besucherzahlen. Dies zeigt in hervorragender Weise den Nutzen von gedruckten RFID tags für Veranstalter und Besucher solcher Veranstaltungen. Die gedruckten Tags bieten hier auf der einen Seite einen elektronischen Fälschungsschutz für die meist recht teuren Eintrittskarten, auf der anderen Seite kann für entsprechende Veranstaltungen durch die elektronische und zeitaufgelöste Besucherzählung eine wesentlich bessere Planung solcher Präsentationsreihen durchgeführt werden. Somit waren diese Feldtests sehr wertvoll und erfolgreich, zumal in PRISMA weltweit das allererste Mal gedruckte Elektronik für solche Anwendungen im öffentlichen Rahmen eingesetzt wurde.

Besondere Anforderungen stellte der Feldtest für den Öffentlichen Nahverkehr. Hier musste eine Spezifikation eingehalten werden, die genau angab, wie groß und wie dick das zu erstellende Ticket ist. Um diese Spezifikation einzuhalten, musste das Antennendesign des Tags angepasst werden. Man wich hier von dem vorher benutzten und als Standard geltenden ID1-Format ab. Die größte Herausforderung, die dieser Feldtest stellte, war jedoch die Tatsache, dass zum ersten Mal RF-Tags eingesetzt wurden, die nicht vereinzelt wurden. Dies stellt eine Herausforderung an die Fertigung von Tags mit einer möglichst großen Ausbeute. Eine hohe Ausbeute gewährleistet bei dem fertig konfektionierten Endlos-Ticket eine geringe Wartezeit bei der Ticketausgabe an dem Ticketautomaten. Bei einer begrenzten funktionalen Ausbeute besteht die Möglichkeit, dass nicht jedes Ticket mit einer elektrischen Funktionalität versehen ist. Dieses wird von einem Lesegerät in dem Automaten erkannt und wird aussortiert, führt aber zu einer Wartezeit bei der Ticketausgabe.

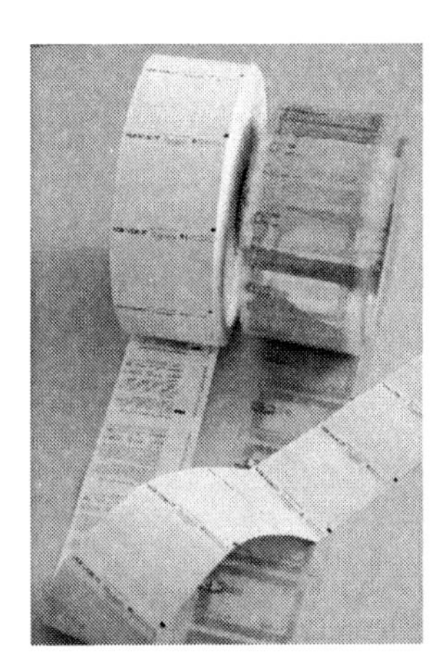

Abb. 10: Tickets und verwendetet RF-Tags für den Einsatz im Bereich des öffentlichen Nahverkehrs; Quelle: PolyIC

In der folgenden Tabelle sind die verschiedenen Konfektionierungsformen der in den verschiedenen Feldtests eingesetzten RF-Tags dargestellt.

Feldtest/ Stückzahl	Konfektionierungs form	Vorderseite	Rückseite
-	Karte	 PolyIC KURZ SIEMENS VDI|VDE|IT www.prisma-projekt.de	 MA
OEC 2007 in Frankfurt 400 Stück	Badge	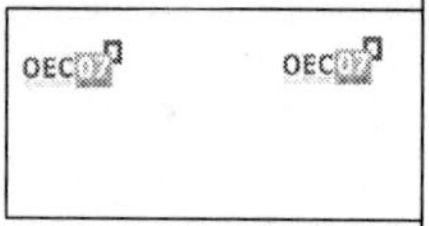 OEC07 OEC07	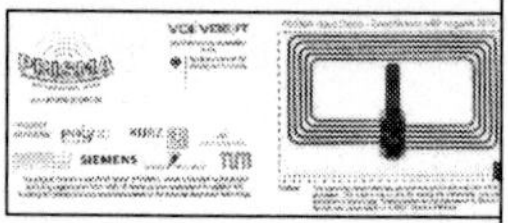 VDI|VDE|IT SIEMENS
Media Tech Expo 2008 in Frankfurt 4000 Stück	Badge	 MEDIATECH	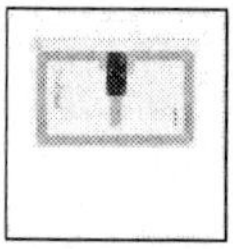
Lange Nacht der Wissen-schaften in Berlin 2008 3500 Stück	Karte	 LANGE NACHT DER WISSENSCHAFTEN	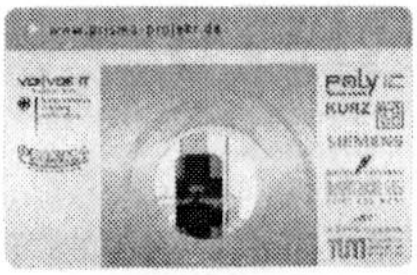 www.prisma-projekt.de PolyIC KURZ SIEMENS TUM
Tickting im Automaten-betrieb in Garching 2008 500 Stück	Ticket		

Abb. 11: RF-Tags, die für die Feldtests eingesetzt wurden; Quelle: PolyIC

3. Fazit des Projektes

Das Projekt PRISMA ermöglichte es, ausgewählte zukünftige Anwendungsgebiete für die gedruckte Elektronik, hier im Schwerpunkt gedruckte RFID-Anwendungen, zu untersuchen. Die untersuchten Anwendungsgebiete wurden zum einen durch die Feldtestszenarien mit den Partnern Bartsch und Höft & Wessel widergespiegelt, zum anderen durch die in diesem Teil nicht dargestellten Anwendungen, die die Bundesdruckerei untersucht hat. Die Bereitstellung großer Mengen von RF-Tags ermöglichte ein Ableiten von späteren Produktionsparametern für die Massenfertigung sowie Einsatzgebiete gedruckter RFID Tags. Im Verlaufe des Projektes wurden viele Erfahrungen in der Herstellung und in der Konfektionierung gemacht und die Prozesse an die Kundenbedürfnisse angepasst. Aufgrund der Neuheit der eingesetzten Technologien wurden viele Anforderungen erst bei der Durchführung erkannt, weil sie vorher nicht bekannt waren oder anders eingestuft wurden. Das Projekt PRISMA gab einer neuen Technik die Möglichkeit, ein Stück weit den Weg zu neuen Einsatzgebieten zu ebnen. Viele Aspekte, die jenseits der reinen Tag-Eigenschaften liegen, wie Konfektionierung, Realisierung von kompletten Anwendungsszenarien, konnten weltweit zum erstem Mal mit gedruckten Tags realisiert werden. Es zeigte aber auch, dass noch viele Herausforderungen zu meistern sind, bevor die Vision: ‚Printed Electronics everywhere' erfüllt wird. Es ist klar, dass die Einsatzbereiche der ersten Produkte gedruckter RFID noch eingeschränkt sind, aber Prisma hat viel dazu beigetragen, dass diese Vision nun für erste Einsätze real werden wird.

4. Ausblick

Das Projekt PRISMA hat klar aufgezeigt, dass die anvisierten Anwendungsgebiete für gedruckte Elektronik gut gewählt sind und dass man die daraus resultierenden Anforderungen an das zukünftige Produkt ‚printed RFID' erfüllen kann. Die in dem Projekt PRISMA über die Projektlaufzeit entstandenen Beziehungen sollen über das Ende der Projektlaufzeit weiter gepflegt und vertieft werden. Allgemein wird das Projekt PRISMA als ein Projekt gesehen, dass die Grundlage für diverse Anwendungen von ‚printed RFID' geschaffen hat.

5. Literaturverzeichnis

CLEMENS, W.; FIX, W.; FICKER, J.; KNOBLOCH, A.; ULLMANN, A. (2004): FROM POLYMER TRANSISTORS TOWARD PRINTED ELECTRONICS, IN: JOURNAL OF MATERIALS RESEARCH, VOL. 19, NO. 7, PP. 1963-1973

FIX, W. (2008): ELEKTRONIK VON DER ROLLE, IN: PHYSIK JOURNAL 7 (2008), P. 47

ROST, H.; MILDNER, W. (2008): AUF DEM WEG ZUR GEDRUCKTEN ELEKRONIK, IN: KUNSTSTOFFE 6/2008

Entwicklung der Konfektionierung und Qualitätskontrolle der pRFID-Tags auf Folie

Norbert Lutz und Gabriele Roithmeier

Inhaltsverzeichnis

1. Einleitung

Die Konfektionierung bezeichnet bei der Folienherstellung das Schneiden und Spulen auf die zur Weiterverarbeitung gewünschte Rollenlänge, -breite und die Wicklungsart der Folie auf einen definierten Kern. Der komplexe Aufbau der gedruckten RFID-Tags (pRFID) weist hinsichtlich der Spul- und Schneidetechnik höhere Anforderungen als beispielsweise eine ebenmäßige und verhältnismäßig dünne Heißprägefolie auf. Die Konfektionierung beginnt bei der Verbindung des Polymerchips mit einer Antenne (Bonding) und der Auswahl einer für den Verarbeiter geeigneten Lieferform der Tagfolie.

Die erfolgreiche Fertigung eines mit pRFID-Tags bestückten Folienträgers stellt die eine Herausforderung dar, der zweite Schritt liegt in der Auswahl eines geeigneten Applikationsverfahrens (Verfahren zur Aufbringung des pRFID-Tags auf oder in ein Substrat). Hierzu wurden Verfahren wie das Laminieren, Prägen oder Labelfertigung untersucht. Die Applikation muss einen festen Verbund mit dem jeweiligen Substrat ergeben, so dass eine unbemerkte Manipulation vor allem im Sicherheitsbereich ausgeschlossen werden kann. Bei den angestrebten Anwendungen im Bereich Papierdokumente, Tickets etc. handelt es sich zudem um relativ dünne Substrate mit hoher Flexibilität, denen das Produkt selbst und das Applikationsverfahren angepasst sein müssen.

Nach der Evaluierung und Festlegung erster Produktspezifikationen erfolgte die stufenweise Umsetzung zu einem Produkt. Die ersten Versuche hinsichtlich der Kontaktierung und Konfektionierung von Musterchips wurden im Labor durchgeführt. Die Ergebnisse führten in einer anschließenden Entwicklungsphase zur Herstellung von Prototypen als Rollenware. Die Prototypen dienten für Integrationsversuche bei den Verarbeitern für Logistik- und Sicherheitsdokumente.

Die Verarbeitungsergebnisse der Prototypen zeigten notwendige Anpassungen in der Konfektion und Applikation, sowie bezüglich des prinzipiellen Folienaufbaus und der im Vorfeld festgelegten Spezifikationen auf. In weiteren Zyklen wurden die Herstellungsschritte optimiert, um kundengerechte Produkte zu fertigen. Dieses Eingehen auf individuelle Produktanforderungen, die in den jeweiligen Marktsegmenten und Applikationen in heterogenen Spezifikationen an das Endprodukt münden, bildet die Grundlage für eine erfolgreiche Projektumsetzung.

Das Ziel ist ein wirtschaftlichen Herstellungsprozesses der pRFID-Tag Folie von „Rolle-zu-Rolle“, der dem Kunden ein Produkt in definierter Qualität und geeigneter Lieferform für die Applikation bietet.

2. Qualitätskontrolle

In Zusammenarbeit mit den Projektpartnern wurde ein Spezifikations-Katalog für die pRFID-Tags erstellt. Die Verarbeiter haben hierbei Ihre Anforderungen zusammengetragen, die nach aktuellem Kenntnisstand bewertet wurden. Die zitierten Normen beziehen sich vorwiegend auf „Identification Cards“ [1], so dass die Parameter für RFID Karten festgelegt sind. Ein definiertes Prüfprotokoll mit einer Auswahl relevanter Qualitätstests für die Polymer-Tags muss für die konkrete Anwendung erstellt werden.

Die Qualitätskontrolle bzw. Funktionsprüfung wird derzeit mit folgenden Messungen durchgeführt:

- Kapazitäten der RF-Kondensatoren
- Widerstand der Antennen
- Klimatests
- Funktion, Resonanzfrequenz und Güte der Tags nach dem Bonden von Chip und Antenne

Hierzu wurden speziell für die Polymerelektronik Prüfverfahren entwickelt und eingesetzt, beispielsweise die stufenweise Erwärmung von Raumtemperatur auf Temperaturen bis ca. 100°C und gleichzeitiger Messung der Funktion, Resonanzfrequenz und Güte der Tags.

Mechanische Anforderungen werden an die Stärke des Aufbaus und Flexibilität für die Verarbeitung an Umlenkrollen gestellt. Zudem gibt es je nach Verarbeitung Anforderungen an die Zug- und Druckbelastung, sowie kurzzeitige Einwirkung höherer Temperatur auf die Tags. Grenzen wurden im Rahmen der Integrationsversuche bei den Verarbeitern ermittelt.

3. Konfektionierung

Für die Durchführung der geplanten Feldtestszenarien werden funktionsfähige pRFID-Tags auf einem Folienträger zur anschließenden Integration in Logistik- und Sicherheitsdokumente benötigt.

Nach erfolgreich absolvierten Integrationstests bei den Projektpartnern konnte die Bereitstellung einer ausreichenden Anzahl von RF-Tags (Resonanzfrequenz-Tags) zur Ausstattung der Feldtests auf der OEC07 (organic electronic conference 2007), sowie der MEDIA TECH 2008 (Messe Frankfurt) mit den entsprechenden Besucherausweisen erfolgen. Die Stückzahlen für die zum Feldtest bereitgestellten RF-Tags konnten deutlich gesteigert werden und spiegeln die gewonnene Prozesssicherheit bei der Konfektionierung wieder:

2007	OEC 07, Frankfurt	400 Stück
2008	MEDIA TECH, Messe Frankfurt	4.000 Stück

Die Reduktion der Gesamtdicke des Tag-Aufbaus ist ein weiterer Schwerpunkt, um die Integration in Papierdokumente zu ermöglichen. Die zwischenzeitlich bei KURZ etablierte, hauseigene Antennenherstellung ermöglicht den Einsatz dünnerer als der am Markt üblichen Trägerfolien und somit kann gezielt auf die Anforderung an Flexibilität und geringe Schichtstärke des Aufbaus im Herstellungsprozess reagiert werden.

3.1 Kontaktierung

Das Aufspenden und Bonden der Polymerchips auf eine Antennenbahn konnte prozesstechnisch mit neuem Maschinenequipment gelöst werden.

Die Verbindung des gedruckten Bauelements mit einer Antenne wird in einem Bonding-Schritt durchgeführt. Das entwickelte Verfahren führt zum Aufbau eines pRFID-Tags, welcher flexibel ist und mechanischer Beanspruchung, z. B. Biegen standhält.

Durch die Aufbringung von Haftkleberpunkten auf die Antennenfolie und das Auftragen eines Leitklebers wird die Verbindung realisiert. Die Kontaktbereiche des Bauelements und der Antenne überlappen teilweise und sind mittels des Leitklebers elektrisch leitend verbunden. Durch die Aktivierung des Haftklebers ist die mechanisch stabile Verbindung von Polymerchip und Antenne sichergestellt [2].

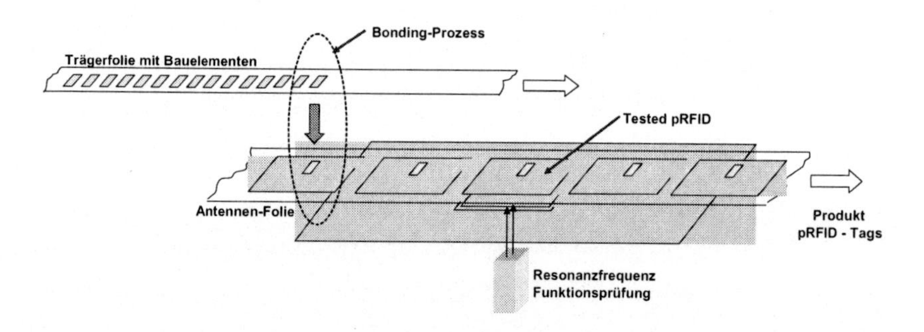

Abb. 1: Bonding-Prozess

Der Bahnlauf und die Kontaktierungsparameter sind an das jeweilige Layout anzupassen, um den Bonding-Prozess stabil durchführen zu können.

3.2 Spulen und Schneiden

Rollenmaterial, zunächst mit reinen „Dummys“ (optische Muster ohne elektrische Funktionalität) und im weiteren Verlauf mit RF-Tags (Resonanzfrequenz), konnte in ausreichender Stückzahl für die Integrationsversuche zur Verfügung gestellt werden.

Es wurden zwei Tagprodukte konfektioniert:

- Tag-Labels: Polyesterträger mit Antenne und Polymerchip als Selbstklebe-Tags (Haftkleber offenliegend)
- Tag-Laminate: Polyesterträger mit Antenne, Polymerchip und einer zweiten Schicht Polyesterträger (Kaschierfolie)

Das Schneiden und Spulen der RF-Tags konnte erfolgreich etabliert werden und größere Stückzahlen von mehreren 1000 RF-Tags lassen sich zwischenzeitlich konfektionieren. Die Rollen werden auf eine Länge von ca. 200 m gespult, was bei üblichen Antennengrößen einer Stückzahl von > 2000 RF-Tags entspricht.

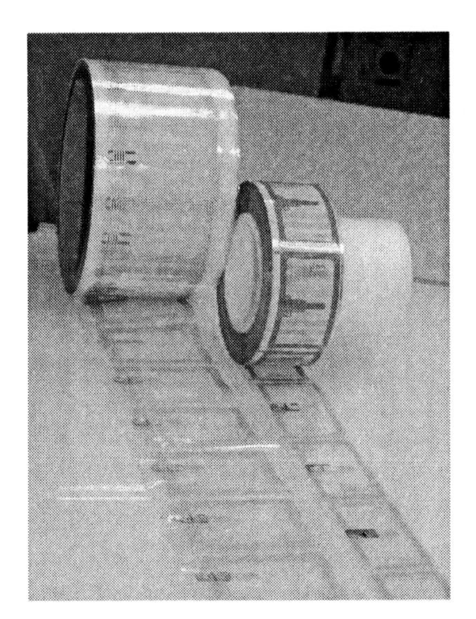

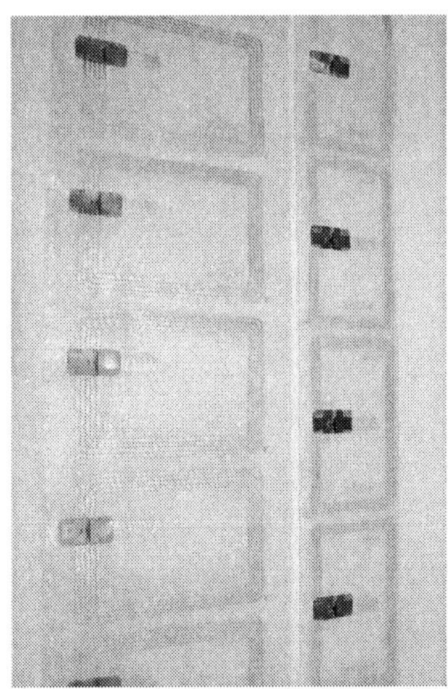

Abb. 2: RF-Tag Rollen in Längs- und Querformat

3.3 Applikation

3.3.1 Logistikdokumente

Beim Applikationsprozess wird die Folienbahn mit den Tags zunächst auf einer Seite beleimt und anschließend durch einen Schneidezylinder vereinzelt. Über einen Saugzylinder werden die einzelnen Tags zu der Papierbahn weitertransportiert, dieser im Register zugeführt und mit ihr verklebt.

Der Leimauftrag ist auf der Vorderseite (Chipseite) oder der Rückseite der Tagfolie möglich. Die zweite Seite wird später ebenso mit Leim versehen und durch eine weitere Papier- oder Kartonlage abgedeckt. Aus diesem Sandwich werden die fertigen Karten ausgestanzt.

Der eingesetzte Leim wird bei einer Temperatur von 170-195°C verarbeitet. Diese Temperatur stellt eine hohe Belastung für die Polymerelektronik dar. Als kritisch wird zudem die relativ hohe Gesamtdicke der Tagfolie gesehen aufgrund der notwendigen Haftung am Saugzylinder beim Transport der vereinzelten Tags zum Papiersubstrat.

Der Aufbau der Tagfolie bestehend aus Antenne (Trägerfolie mit Leiterbahnen), dem Polymerchip und der Kaschierfolie wies zu Projektbeginn eine Gesamtdicke von etwa 170 µm auf.

Es wurden zwei Rollen mit RF-Tags als Laminat zur Verarbeitung bereitgestellt. Dabei wurden unterschiedlich dicke Folien zukaschiert:

Rolle 1: 36 µm PET-Träger als Kaschierfolie
Rolle 2: 19 µm PET-Träger als Kaschierfolie

Die einzelnen Tags wurden mit einem Spektralanalysator in der Produktionsmaschine bei KURZ bzw. in einer Umspulvorrichtung der Applikationsmaschine vor dem Aufbringen auf die Papierbahn auf Funktionalität geprüft. Defekte Tags wurden mit einem Faserschreiber markiert. Die jeweils erste Hälfte der Tagfolie wurde auf der Antennenseite beleimt, die zweite Hälfte auf der Chipseite (Kaschierfolie). Die Funktionalität nach dem Aufbringen auf die Papierbahn wurde ebenfalls mit dem Spektralanalysator geprüft.

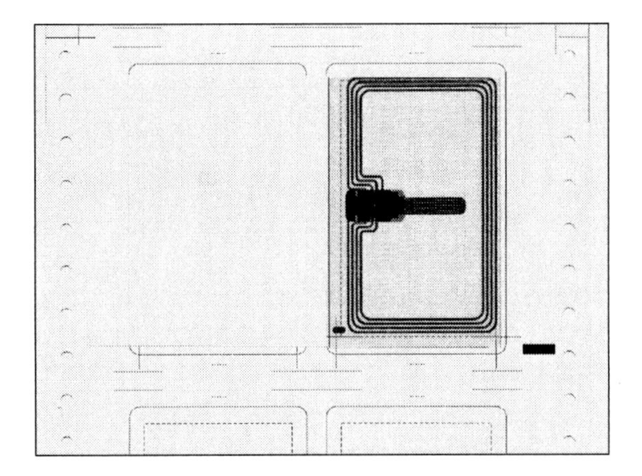

Abb. 3: Papierbahn mit appliziertem RF-Tag

Das Aufbringen der Tags funktionierte bei der Minimalgeschwindigkeit von 12 m/min sehr sicher. Versuchshalber wurden pRFID-Tags mit einer Geschwindigkeit von bis zu 150 m/min aufgespendet, auch hierbei traten keine Probleme auf. Es wurde kein Unterschied festgestellt zwischen der Leimaufbringung auf der Antennenseite bzw. der Aufbringung auf der Chipseite.

Eine Auswertung des elektrischen Verhaltens der Tags anhand von Stichproben ist in Abbildung 4 dargestellt. Die aufgespendeten RF-Tags weisen Resonanzfrequenzen zwischen 14,9 MHz und 15,3 MHz auf. Bei der Mehrzahl der Tags wird eine geringfügige Abnahme der Resonanzfrequenz beobachtet. Außerdem werden offensichtlich einige Tags, die vorher als „defekt“ markiert wurden, durch die Aufbringung wieder funktional.

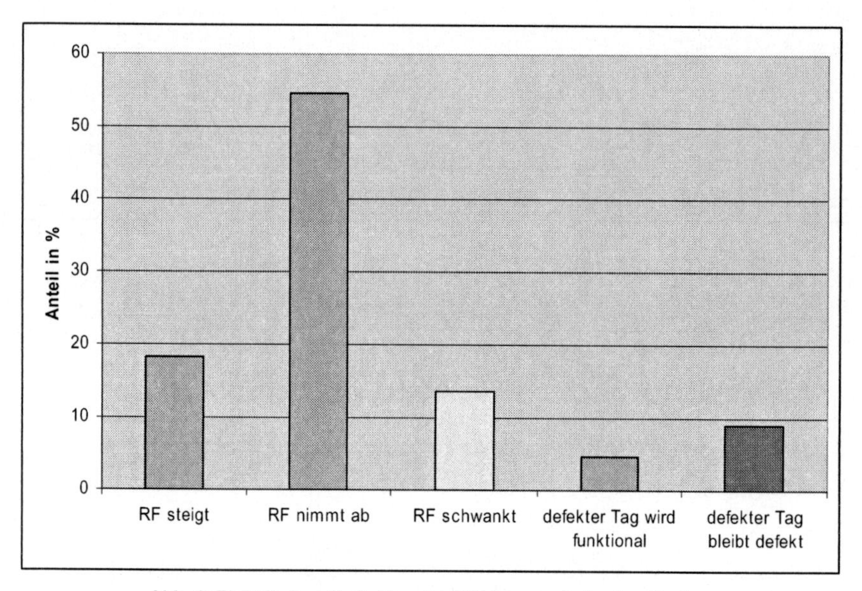

Abb. 4: Elektrisches Verhalten der RF-Tags nach der Applikation

Um die Gesamtdicke des Aufbaus weiter zu reduzieren, wurden zwei Tag-Laminate gefertigt, bei denen Kaschierfolien in der Stärke von 12 µm und 5,7 µm, also deutlich unter 19 µm verwendet wurden. Mit diesen Aufbauten konnte eine Reduktion der Gesamtdicke bis ca. 130 µm erreicht werden.

KURZ hat eine eigene Antennen Technologie unter der Marke SECOBO® [3] etabliert und kann hierbei die Dicken des Substrats und Antennenmaterials variieren. Es wurden Versuche mit 36 µm und 23 µm PET-Trägermaterial durchgeführt. Der 36 µm Träger läßt sich stabil einsetzen, die Handhabung des 23 µm Materials gestaltet sich aufgrund von Faltenbildung und dem späteren Handling als schwierig im praktischen Einsatz und führt zu erhöhten Tag-Defekten.

Die Reduktion des Tag-Aufbaus erlaubt die Verarbeitung in Logistikdokumente. Das Rollenmaterial hält den Zugbelastungen bei der Verarbeitung stand und die kurzzeitige Einwirkung hoher Leimtemperatur von ca. 170°C führt nicht zur Zerstörung der Funktionalität der Polymerelektronik.

3.3.2 Sicherheitsdokumente

Die gewählten Sicherheitsdokumente werden im Bogenformat gefertigt, die Herstellung von händischen Mustern bis zu 500 Stück ist möglich. Druckprozesse und Tests, wie z. B. die Überdruckung, Temperaturtests und die Prüfung der Beständigkeiten, können beim Verarbeiter durchgeführt werden.

Für Sicherheitsdokumente sind drei Anwendungsszenarien für die Polymerelektronik denkbar: E-Sticker, Pässe und Karten. Die Einbringung in Pässe und Karten wird genauer untersucht.

- *Pässe – Integration im Passdeckel*

Der Passdeckel wird vorbeleimt und mit den Passseiten in einer Presse verklebt. Es wird je nach Produkt Kalt- oder Heißkleben unter hohem Druck angewendet. In diesem Prozessschritt ist die Integration des pRFID-Tags im Passdeckel mgölich. Für Pässe gelten Anforderungen an eine hohe Lebensdauer (10 Jahre). Dies steht noch im Widerspruch zur im gegenwärtigen Entwicklungsstand kurzen Lebensdauer der pRFID-Tags.

- *Kartendokumente*

Kartendokumente bestehen beispielsweise aus mehreren Lagen Polymermaterial. Diese werden gestapelt und ca. 30 min unter hohem Druck und hoher Temperatur (um die 200°C) verschmolzen. Für Testversuche steht eine Laborpresse zur Verfügung. Das Standardmaterial für Karten ist Polycarbonat. Polyester, der als Trägermaterial für die Tags verwendet und als Inlay verarbeitet wird, wirkt als potentielle Trennschicht zwischen den Polycarbonat-Lagen. Verbesserungen können mittels eines Haftvermittlers zwischen PET und Polycarbonat erzielt werden. Alternativ ermöglicht ein kleineres Inlay das Verschmelzen der Polycarbonat-Lagen im Randbereich.

Es wurden kleinere Stückzahlen an RF-Tags zur Verfügung gestellt für Tests zur Einbringung in die verschiedenen Substratmaterialien, z. B. Passdeckel oder Kartenmaterial.

Die Anforderungen hinsichtlich temperaturbeständigerer Kleber wurden berücksichtigt und mit einem hochschmelzenden Haft-Klebermaterial RF-Tags hergestellt. Es wurden Klebepunkte in zwei unterschiedlichen Punkthöhen eingesetzt: 18 µm und 43 µm. Es zeigte sich allerdings, dass der Aufbau mit niedrigeren Klebepunkten zu Instabilität des Tag-Signals führt. Es wurde bei der 18 µm Klebestärke in vielen Fällen der Zusammenbruch des Signals beobachtet. Als Ursache wird vermutet, dass die dickere Klebeschicht von 43 µm als Isolator wirkt, während die dünne Klebeschicht zu fehlerhaften Kontakten des Kupfermaterials der Antenne mit Leiterbahnen der RF-Kondensatoren führt (Kurzschlüsse). Dies wird beim weiteren Aufbau der Tags berücksichtigt, die Überlegung führt zur Einbringung einer zusätzlichen Isolationsschicht.

Ein Ergebnis der weiteren Untersuchung zeigte Stabilitäten hinsichtlich Temperatur bis 120°C und Druck bis 20 bar. Allerdings erfüllen diese Stabilitäten noch nicht die Anforderungen für Kartenmaterialien (200°C und 60 bar).

Die Integration in einen Passdeckel ist gelungen. Die Applikationsergebnisse deuten auf eine ausreichende Haltbarkeit und Stabilität für temporäre Dokumente hin.

4. Zusammenfassung

Die Produktentwicklung zielt auf die Anwendung als Massen- und „low cost"-Produkt ab, das den Einsatz auf dünnen und flexiblen Materialien (Papierdokumente, Tickets) erlaubt. Hierdurch kann eine Abgrenzung zu gängigen RFID Labels erzielt werden, die aufgrund der Verwendung von Siliziumchips nicht genügend flexibel und ebenso zu teuer sind.

Neben den im Rahmen des Projektes angestrebten Anwendungen im Bereich Logistik- und Sicherheitsdokumente, gibt eine Vielzahl weiterer Verwertungsmöglichkeiten, z. B. Markenschutz, Plastikkarten, Veranstaltungstickets etc. Die hier aufgezeigten Anwendungen sind bestehende Einsatzgebiete für Folienapplikationen. Ein kommerzieller Mehrwert kann durch die Kombination von optischen Sicherheitsmerkmalen mit gedruckter Elektronik erzeugt werden.

Insbesondere diese applikationsspezifische Verknüpfung von bisher getrennten Merkmalen hat das Potential, weitere Anwendungsfelder und damit Märkte für kostengünstige pRFID-Tags zu erschließen durch die Kombination von optischer Aufmachung, Datenspeicherung und erhöhter Fälschungssicherheit. Insgesamt ergibt sich für diese neue Technologie „printed electronics“ zukünftig ein überdurchschnittliches Marktpotential [4].

Aufgrund der im Laborbereich erzielten Verbesserungen der Leistungsfähigkeit polymerer Elektronikschaltungen und der neuartigen Herstellungs- und Applikationsmaschinentechnologien verspricht das Projekt einen wesentlichen Erkenntniszuwachs für den Einsatz polymerer Elektronikschaltungen im Massenmarkt. Die positive Resonanz bezüglich des Einsatzes der gedruckten RF-Tags auf der OEC07 bestätigt diese Vorgehensweise.

5. Literaturverzeichnis

[1] ISO/IEC10373-1, Identification cards – Test methods – Part 1: General characteristics, 2006

[2] Schutzrecht WO 2007/107299 A1 (27.09.2007), PolyIC GmbH & Co. KG – Verfahren zur Herstellung eines aktiven oder passiven elektronischen Bauteils sowie elektronisches Bauteil

[3] Antenna Technology, SECOBO®, New Dimension in Antenna Technology; KURZ 2008

[4] Organic & Printed Electronics Forecasts, Players & Opportunities 2007-2027, Raghu Das and Dr Peter Harrop, ID TechEx Ltd

Lesegeräte für gedruckte RFID-Tags

Frank Lahner und Peter Thamm

Inhaltsverzeichnis

1. Ziel

Lesegeräte haben vielfältige Aufgaben zu erfüllen. Je nach Einsatzgebiet sind sie mehr oder weniger tief in ein System integriert. Die nach außen sichtbaren Kernfunktionen jedoch sind immer identisch:

- Schreiben und Auslesen der Tag-Inhalte über die Luftschnittstelle (analog)
- Weiterleiten der Informationen über ein Protokoll von und zum übergeordneten System (digital)

Die zeitlichen Anforderungen der Schnittstellen zum Tag und zum übergeordneten System sind in Übereinstimmung zu bringen. Weiterhin sind Parametrier- und Diagnosefunktionen zu erfüllen.

Ziel war es, auf Basis eines handelsüblichen Lesegerätes (hier Simatic RF300 der Fa. Siemens) die Kommunikation mit einem Polymer-Tag herzustellen. Dazu waren verschiedene Modifikationen der Hardware und der Firmware notwendig.

Im Projekt PRISMA wurde das Hauptaugenmerk auf die Analogschaltung des Lesegerätes gelegt. Diese ist Voraussetzung, um die Eingangssignale der Tags zu detektieren. Aufgrund des sehr unterschiedlichen Verhaltens von Polymer-Tags gegenüber Standard-Tags wurden hier die größten Veränderungen erwartet. Im Verlaufe des Projektes hat sich dies auch bestätigt. Aber auch die Firmware des Lesegerätes und die Schnittstelle zu den übergeordneten Systemen musste an die spezifischen Anforderungen dieses Projektes angepasst werden. Die Firmware wurde darüber hinaus um spezifische Testfunktionen für die von den Polymer-Tags erhaltenen Signale ergänzt. Die Systemschnittstelle erhielt zusätzliche Kommandos.

2. Anforderung

Für RFID-Technologie gibt es eine breite Palette von Einsatzmöglichkeiten. Insbesondere in der Fertigungsautomatisierung, z. B. in der Automobilindustrie, ist die Technologie seit Jahren im Einsatz und hat sich dort bewährt.

Je nachdem, wo der Einsatz der RFID-Technologie erfolgt (z. B. im Bereich der Logistik, im industriellen Umfeld oder wie innerhalb dieses Projektes im sog. Event Ticketing), sind andere spezifische Anforderungen relevant.

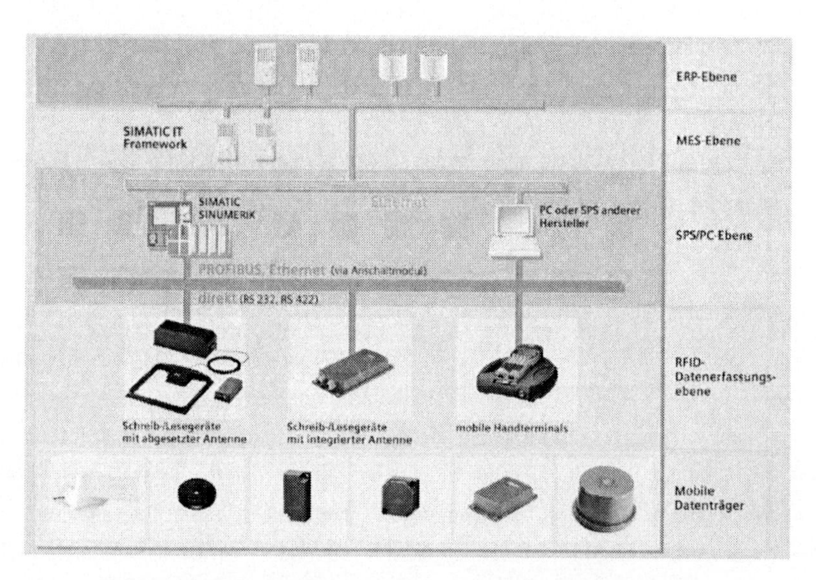

Abb. 1: Integration von RFID-Technologie in Automatisierungssysteme

Abbildung 1 zeigt exemplarisch den Aufbau eines industriellen Automatisierungssystems, in dem auch RFID-Komponenten verwendet werden. Es ist zu sehen, dass die RFID-Schreib-/Lesegeräte an verschiedene Bussysteme oder Peripheriekomponenten eines Automatisierungssystems angeschlossen werden müssen. Zur Anpassung verwendet man deshalb sogenannte Anschaltmodule (ASM). Die Integration in die (speicherprogrammierbaren) Steuerungen erfolgt anschließend über Funktionsbausteine.

Daneben findet sich sowohl innerhalb von Automatisierungssystemen als auch außerhalb sehr häufig ein PC als übergeordnetes System. Dort wird das Schreib-/Lesegerät in der Regel über eine serielle Schnittstelle angekoppelt. Der Datenfluss und die Datenablage werden über entsprechende Software im PC gesteuert.

Architekturen, wie sie in Abbildung 1 gezeigt werden, können in einer sehr großen Vielfalt auftreten.

3. Lösung

3.1 Beschreibung des Gesamtsystems

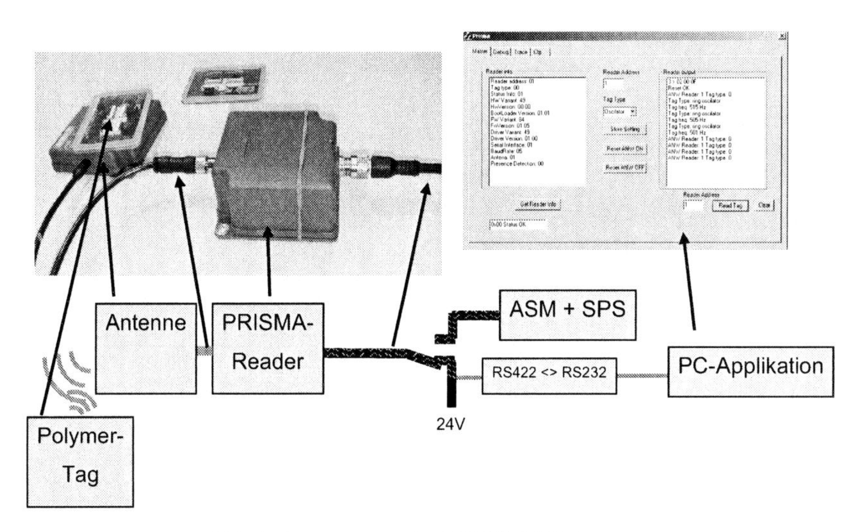

Abb. 2: Komponenten des PRISMA-RFID-Systems

Abbildung 2 zeigt das RFID-System, wie es in diesem Projekt entwickelt und eingesetzt wurde, bestehend aus Polymer-Tag, Antenne und einem reinen Lesegerät (PRISMA-Reader). Das Tag selbst besteht wiederum aus Antenne, Gleichrichter und einer Schaltungslogik. Daten zwischen Tag und Lesegerät können ausgetauscht werden, sobald beide Antennen induktiv gekoppelt sind.

Die Antenne des Lesegerätes kann sowohl extern als auch intern im Lesegerät angebracht sein.

Das Lesegerät selbst besitzt eine universelle Schnittstelle zum übergeordneten System. Wird es in ein Automatisierungssystem integriert, so dient das Anschaltmodul auch als Schnittstellenwandler zu dem jeweiligen Bussystem. Im einfachsten Fall ist das Anschaltmodul z. B. eine Baugruppe für das Automatisierungssystem Simatic S7, wobei das Modul zum Anschluss eines Lesegerätes dient. Es sind aber auch Multiplexer verfügbar, über die mehrere Lesegeräte gebündelt angeschaltet werden können.

Im Fall einer Stand-alone-Anwendung kann das Lesegerät direkt mit einem PC verbunden werden. Solch ein Szenario ist z. B. in der Logistik denkbar. Die Daten werden dann in Datenbanken gespeichert und für die Weiterverarbeitung aufbereitet.

3.2 Lesegerät

Das Lesegerät bildet ein in sich geschlossenes System mit integriertem Sender/Empfänger zur Generierung des HF-Feldes und zur Digitalisierung der Tag-Signale. Der Digitalteil tastet die vom Analogteil kommenden Signale ab und dekodiert die aufmodulierten Informationen. Während dies bei Standard-Schreib-/Lesegeräten aus Gründen der Leistungsfähigkeit häufig durch dedizierte digitale Hardware erfolgt, wird die digitale Signalverarbeitung in diesem Projekt weitgehend durch Firmware ausgeführt. Damit erhält man die notwendige Flexibilität, um sich an die noch weitgehend veränderlichen Eigenschaften der Polymer-Tags anzupassen.

Weiterhin bedient das Lesegerät die Schnittstelle zum übergeordneten System. Über die Schnittstelle werden das Lesegerät konfiguriert und die Tag-Daten kommuniziert.

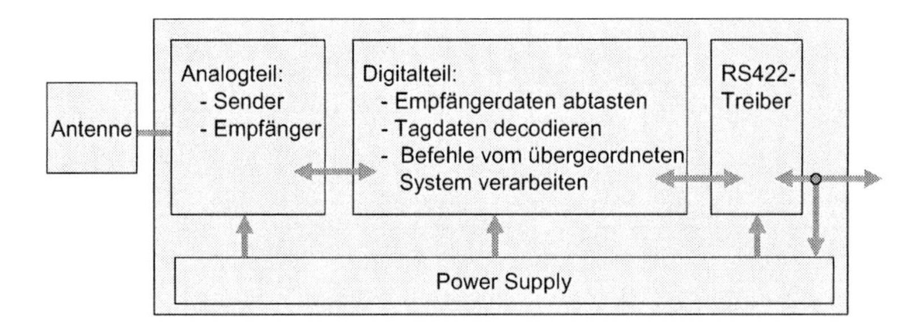

Abb. 3: Blockschaltbild des Lesegerätes

3.3 Luftschnittstelle

Die Luftschnittstelle ist die Übertragungsstrecke zwischen Lesegerät und Tag. Energie- und Datenübertragung erfolgen induktiv gekoppelt über ein hochfrequentes Magnetfeld. Die Energieversorgung des Tags erfolgt passiv, d. h. die Energie zum Betrieb des Tags wird dem HF-Feld entnommen. Bei den herkömmlichen RFID-Schreib-/Lesegeräten wird beim Beschreiben des Tags auf die Erregerfrequenz von 13,56 MHz ein zusätzliches Signal mittels Amplitudenmodulation aufgeprägt.

Die bei diesem Projekt verwendeten Polymer-Tags können nicht beschrieben werden und besitzen keinen Empfänger. Die Kommunikation ist folglich nur unidirektional. Daraus ergeben sich folgende Randbedingungen für den Betrieb:

- Ein Multi-Tag-Betrieb ist nicht möglich.
- Die Datenübertragung zum Lesegerät beginnt, sobald das Tag mit genügend Energie versorgt wird.
- Die Datenübertragung wird ständig wiederholt, da keine Rückmeldung zum Tag über einen erfolgreichen Empfang möglich ist.

Bei kurzer Reichweite von einigen Zentimetern, wie sie hier auftreten, sind diese Einschränkungen von geringer Bedeutung.

Die Datenübertragung vom Tag zum Lesegerät wird ebenfalls über Amplitudenmodulation des HF-Feldes realisiert. Das Tag variiert dazu seinen Lastwiderstand. Diese Laständerung führt zu geringen Spannungsänderungen am Fußpunkt der Antenne im Lesegerät. Die Taktrate der Daten wird dabei als Hilfsträger bezeichnet. Im Frequenzbereich erscheint der Hilfsträger in den Seitenbändern zur Sendefrequenz und kann über Bandpassfilterung zurückgewonnen werden.

Die Kopplung zwischen Tag und Lesegerät ist der kritischste Teil des RFID-Systems. Sie wird zum einen von den Antennengeometrien und der Positionierung der Antennen zueinander beeinflusst, zum anderen auch von der Beschaffenheit des Tags selbst. Die Lastmodulation wird Tag-seitig über polymere Schaltungselektronik realisiert. Diese weist teilweise große Schwankungen hinsichtlich ...

- Ansprechverhalten des Tags (Wirkungsgrad des integrierten Gleichrichters),
- Modulationstiefe (Güte des Polymer-FET zur Lastmodulation)

auf. Dies hat Auswirkungen auf das Gesamtsystem, die die Realisierung eines standardisierten Lesers für alle Tags derzeit noch nicht erlauben:

Wird nämlich die induktive Kopplung verbessert (Verringerung des Abstandes der Antennen), um mehr Energie in das Tag einzukoppeln, so hat dies Rückwirkungen auf die resultierende Impedanz des Erregerschwingkreises. In diesem Fall verringert sich die Modulationstiefe des Polymer-Tags. Aktuell ist die Kopplung zwischen Tag und Leseantenne nur in einem schmalen Bereich so gut, dass Daten ausgelesen werden können. Der Bereich liegt derzeit zwischen ca. einem und vier Zentimetern.

Ein weiterer grundlegender Unterschied zu herkömmlichen Tags ist die viel geringere Modulationsfrequenz mit f <= 100 Hz gegenüber der bei 13,56 MHz am meisten verbreiteten Mifare-Chipkartentechnik, die mit 847 kHz arbeitet. Die Frequenzen sind teilweise in einem so tiefen Frequenzbereich, dass Bewegungen des Tags als Modulation interpretiert werden. Damit kann nicht immer unterschieden werden, ob ein Tag sendet oder ob es sich bezüglich des Lesegerätes bewegt.

3.4 Aufbereitung der analogen Eingangssignale

Die Empfängerschaltung im Lesegerät binarisiert das auf dem Träger aufgeprägte amplitudenmodulierte Signal des Tags.

Dazu muss zunächst das Eingangssignal von der Trägerfrequenz entkoppelt und die verbleibende Einhüllende auf einen definierten Pegel gelegt werden. Dieses Signal wird verstärkt und über Komparatoren zur Festlegung der Entscheiderschwellen binarisiert. Dies ist notwendig, damit der Empfänger bei verschiedenen Tag-Entfernungen gleichermaßen funktioniert, obwohl mit der Entfernung auch die Belastung der Erregerantenne des Lesegerätes variiert.

Zur besseren Unterscheidung zwischen Relativbewegungen von Tag und Lesegerät und der Modulation des HF-Feldes durch das Polymer-Tag werden im Empfänger tiefe Frequenzen über ein differenzierendes Filter unterdrückt. Dies ist notwendig, weil das Nutzsignal und Störsignale durch Bewegungen nahezu im selben Frequenzbereich im Basisband liegen können. Damit erhält man also schlussendlich nicht das Nutzsignal selbst sondern das differenzierte Nutzsignal.

Bei den Tests mit den Polymer-Tags hat sich gezeigt, dass derartige Störeinflüsse sehr gut unterdrückt werden können, sofern sie nur einigermaßen vom Nutzsignal abweichen.

Abbildung 4 zeigt oben eine Aufzeichnung des modulierten Nutzsignals als Eingangssignal, das aus vorangehender Hüllkurvendemodulation und darauf folgender Verstärkung entstanden ist, und unten die entsprechende Binarisierung. Der Signalpegel ΔV beträgt bis zu 1 V, wobei sowohl der Null- als auch der Eins-Pegel sehr unterschiedlich sein können, meist wegen der Bewegung des Tags, aber auch durch die Kodierung hervorgerufen. Allerdings sind Flankensteilheit und Modulationstiefe der Polymer-Tags teilweise noch relativ schwach ausgeprägt, so dass die Tags nur in einem engen Entfernungsbereich vor der Antenne des Lesegerätes sicher erkannt werden. Außerdem sind Unterschiede in der Steilheit der Flanken zu erkennen. Fallende Flanken sind steiler als steigende Flanken.

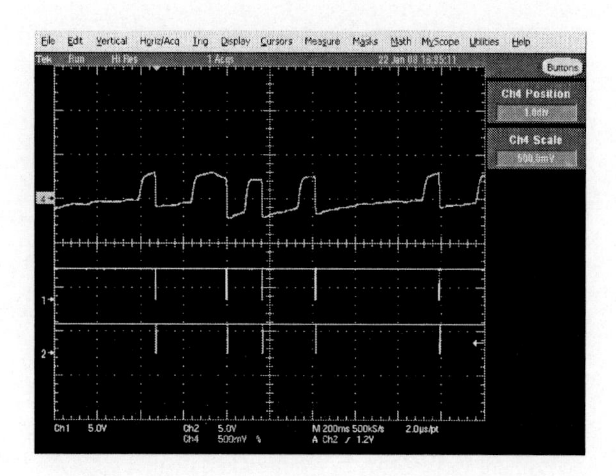

Abb. 4: Kanal 4 – Eingangssignal, verstärkt, Kanal 2 – Ausgangssignal, fallende Signalflanken detektiert

3.5 Tag-Typen

Da vor allem zu Beginn des Projektes gedruckte Polymer-Tags nicht in benötigtem Umfang und Güte zur Verfügung standen, wurden Hilfsmittel geschaffen, um die Entwicklung des Lesegerätes voranzutreiben. Eine Möglichkeit ist die Verwendung von Polymer-Tags, die nicht gedruckt („Massenproduktion") sondern in einem Reinraum hergestellt werden. Die so hergestellten Tags sind sozusagen Vorstufen auf die nächsten, zu erwartenden gedruckten Tags „von der Rolle".

Es gibt verschiedene Komponenten, die in das Polymer-Tag integriert werden müssen: Gleichrichter, Modulator, Polymer-FET zur Lastmodulation (Auskoppeltransistor).

Reinraum-Tags gibt es, je nachdem, welche Komponenten polymer aufgebaut werden, in verschiedenen Varianten:

- Nur der Auskoppeltransistor ist polymer ausgeführt, die Modulation wird über einen Funktionsgenerator eingespeist. Der Gleichrichter ist in herkömmlicher Technologie aufgebaut.
- Der Auskoppeltransistor und der Modulator sind polymer realisiert.
- Alle benötigten elektrischen Komponenten liegen in Polymertechnologie vor. Lediglich die Antenne ist noch metallisch ausgeführt.

Neben den Tags, bei denen mindestens eine Komponente polymer ist, wurde von PolyIC auch ein Referenz-Silizium-Tag in seinen Eigenschaften so angepasst, dass es annähernd dem polymeren Tag entspricht. Dieses bietet den Vorteil, dass es reproduzierbare Tests ermöglicht und langzeitstabil ist (keine elektrochemischen Prozesse im Tag). Nachteil ist allerdings, dass das Verhalten der Polymer-Tags nicht realistisch genug nachgebildet werden konnte, sodass das Referenz-Silizium-Tag stets bessere Ergebnisse lieferte.

Gedruckte Tags standen für Tests in den gleichen Varianten wie die Reinraum-Tags zur Verfügung. Von besonderem Interesse waren jedoch die voll konfektionierten gedruckten Tags, bei denen alle Komponenten in einem Massenfertigungsprozess hergestellt und anschließend miteinander verbunden wurden.

Abbildung 5 zeigt die verschiedenen Tag-Typen, die bei der Entwicklung des Lesegerätes zum Einsatz kamen.

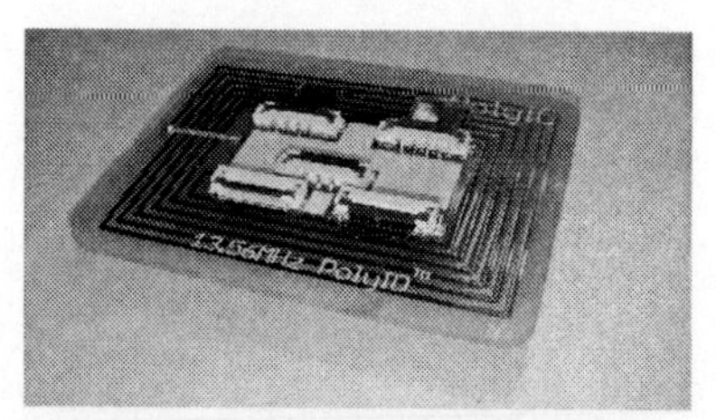

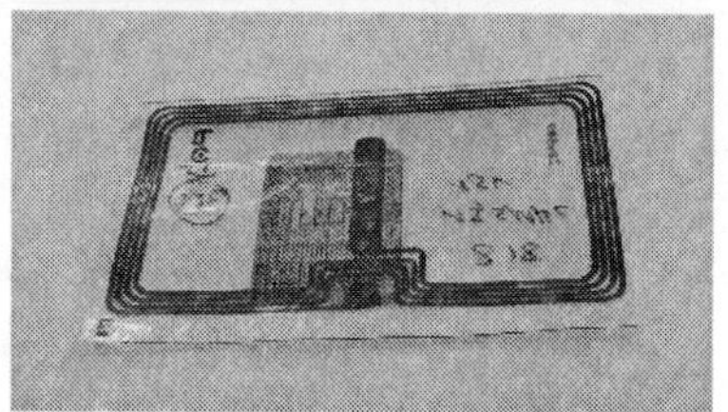

o. links - Referenz-Silizium-Tag
u. links - Komponenten zum Teil polymer
o. rechts - alle Komponenten polymer
u. rechts - Polymer-Tag gedruckt

Abb. 5: Verschiedene Tag-Typen

Die verschiedenen Nutzsignale können besonders gut im Frequenzbereich dargestellt und verglichen werden. Für die Aufzeichnung ist entweder ein Spectrumanalyzer oder ein Digital-Speicher-Oszilloskop (DSO) mit ausreichend hoher Speichertiefe Voraussetzung. Falls ein DSO verwendet wird, ist eine nachgelagerte FFT durchzuführen.

Das Nutzsignal wird direkt am Fußpunkt der Antenne abgegriffen. An diesem Punkt werden die Signale vom 13,56 MHz-Sender des Lesegerätes und das Nutzsignal vom Tag überlagert.

Es hat sich gezeigt, dass die anfänglich verwendete Antenne des RF300-Systems ungeeignet für das Auslesen der letzten Polymer-Tag-Chargen ist, obwohl sie durch ihre Breitbandigkeit große Exemplarstreuungen ausgleichen kann. Stattdessen wird die in der Norm IEC10373-6 gewählte „Test PCD Antenna" verwendet. In der genannten Norm wird eine Methode zur Ermittlung des Modulationsgrades von „Proximity Cards“ beschrieben. Mit dieser schmalbandigeren Antenne wird die Energiezufuhr zum Tag verbessert.

Abbildung 6 und 7 zeigen das Ergebnis der Messung mittels Oszilloskop und anschließender FFT für ein Polymer-Tag und das Referenz-Silizium-Tag. Das Polymer-Tag wurde in einem Abstand d = 4 cm, das Referenz-Silizium-Tag bei d = 8 cm gemessen.

Es sind deutlich die unterschiedlich weit entfernten Seitenbänder zur Mittenfrequenz von 13,56 MHz zu erkennen, die durch die unterschiedlichen Nutzsignalfrequenzen hervorgerufen werden. Das Polymer-Tag (Abbildung 6) beginnt bei ca. 4 cm Abstand zu modulieren. Die Frequenz des Nutzsignals liegt bei ungefähr 40 Hz. Das Verhältnis zwischen Träger und Nutzsignal beträgt 75 dB. Auch bei diesen ungünstigen Signalverhältnissen konnte das Lesegerät das Tag noch erkennen.

Wenn das Referenz-Silizium-Tag in größerer Entfernung zur Leseantenne positioniert wird, lassen sich ähnliche Signalverhältnisse einstellen. Dies ist in Abbildung 7 zu sehen.

Erstaunlich ist, dass selbst wenn im Frequenzbereich keine Seitenbänder mehr erkennbar waren, das Lesegerät Tags noch erkennen konnte. Die Empfindlichkeit des Lesegerätes bewegt sich somit an der Auflösungsgrenze des verwendeten DSO. Mit dem Referenz-Silizium-Tag konnten damit Lesereichweiten von 19 cm erreicht werden. Diese hohe Empfindlichkeit führt aber zu Störimpulsen auf dem Eingangssignal, die zwar teilweise digital weggefiltert werden können, trotzdem sollte bei späteren Realisierungen die Empfindlichkeit reduziert werden. Dies verbessert die Güte des Ausgangssignals des Empfängers und dann kann auch die Abtastrate erheblich reduziert werden.

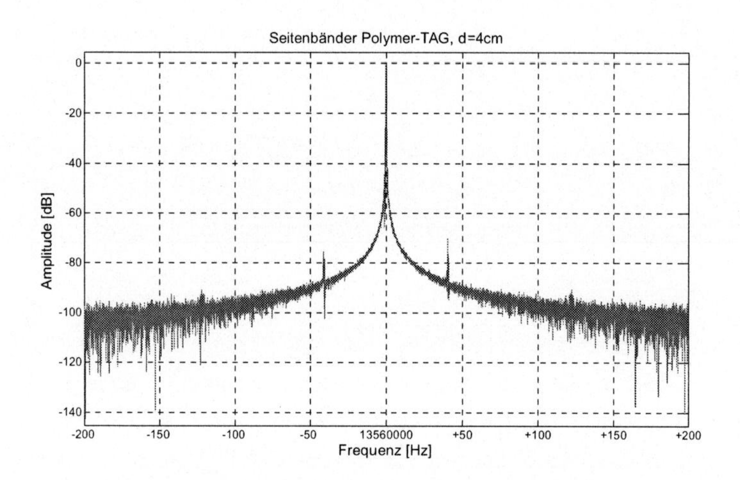

Abb. 6: Nutzsignal des Polymer-Tags im Frequenzbereich

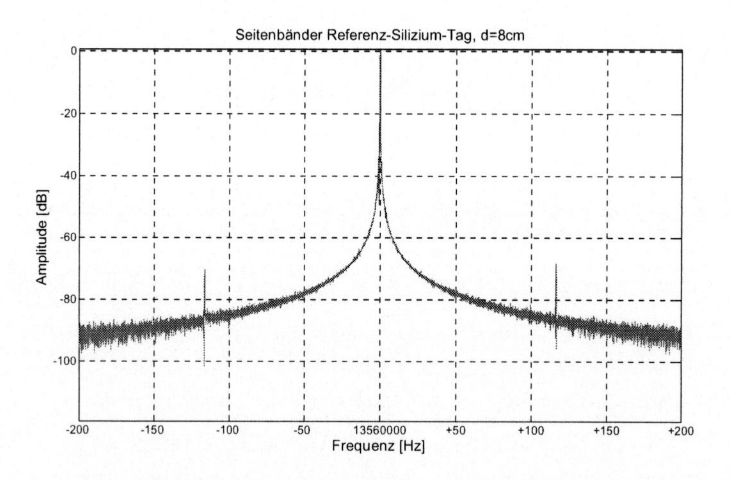

Abb. 7: Nutzsignal des Referenz-Silizium-Tags im Frequenzbereich

3.6 Arbeitsweise der Firmware

Das Lesegerät verfügt über einen Mikrocontroller mit extern angeschlossenem FLASH und RAM als Speicher. Die Firmware kommuniziert in Richtung Systemschnittstelle überwiegend als Slave. Es gibt allerdings einige Fälle, bei denen das Lesegerät auch von sich aus aktiv wird, ohne dass es zuvor durch ein Telegramm des übergeordneten Systems dazu aufgefordert wird. Dies hängt vom Modus ab, in den das Lesegerät zuvor durch den Master gebracht wurde. Z. B. gibt es einen Modus, in dem das Lesegerät permanent nach Tags sucht und bei Erkennen eines Tags von sich aus sofort ein „Anwesenheitstelegramm" generiert. Das System kann daraufhin die gelesenen Tag-Daten anfordern. Mit Einschalten dieser Betriebsart muss das übergeordnete System nicht ständig das Lesegerät abfragen und kann ereignisgesteuert agieren.

Da die Eigenschaften der Polymer-Tags gegenüber Standard-Tags komplett verschieden sind, dazu stark streuen und zum Teil sogar noch unbekannt sind, wurde die Firmware vollständig umgestellt. Ziel ist es nicht mehr, Informationen, die auf einem Tag gespeichert sind, an ein System zu liefern, sondern die Eigenschaften des Tags selbst zu registrieren und dann an einem übergeordneten System zur Anzeige zu bringen. Das Lesegerät stellt demnach eine Art „Datenlogger" dar. Es tastet die Eingangssignale ab, die das differenzierte Nutzsignal bilden, zeichnet sie auf und wertet sie aus. Alle diese Informationen können dann über die Systemschnittstelle abgeholt werden.

Aufgrund der Differenzierung der Eingangsignale im Empfangsteil muss mit einer vergleichsweise hohen Abtastrate gearbeitet werden. Die maximal erreichbare Frequenz ist ca. 250 kHz. Während der Abtastung können keine anderen Tasks von der CPU bearbeitet werden, sie ist zu 100 Prozent mit der Ablage der Daten im Speicher beschäftigt. Der implementierte Handshake-Mechanismus des Übertragungsprotokolls zum System stellt sicher, dass keine Konflikte entstehen, wenn gleichzeitig abgetastet wird und Telegramme eintreffen. Die Verzögerung beim Ansprechen des Lesegeräts über das digitale Interface beträgt etwa ein Aufzeichnungsintervall. In der aktuellen Firmware ist dieses auf eine maximale Aufzeichnungslänge von 64.000 Samples eingestellt und entspricht einem Zeitintervall von etwa ¼ Sekunde. Erst nach Ausführung des kompletten Aufzeichnungsvorganges wird ein vom System gesendetes Kommando quittiert.

3.7 Aufbereitung der digitalen Eingangssignale

Bei der Erstellung der Firmware wurde von folgenden Rahmenbedingungen bei der Dimensionierung ausgegangen:

- Zum einen sollte das Eingangssignal genügend häufig abgetastet werden, da es differenziert ist und um neben dem Nutzsignal auch eventuelle kurze Störsignale erfassen zu können. Die genaue Kenntnis des Eingangssignals ist wertvoll für die Entwicklung des Lesers.
- Zum anderen wurde angenommen, dass die Tags eine Grundfrequenz von ca. 100 Hz aufweisen und somit ein Bit in ca. 10 ms übertragen werden kann. Dies entspricht bei maximaler Abtastrate 2.500 Samples. Ursprünglich war im Lesegerät die Speicherung von 32.000 Samples vorgesehen, was eine Aufzeichnungslänge von 13 bit ermöglicht. Somit ist auch genügend Reserve für die Erfassung von Vor- und Nachlaufzeiten eines Vier-bit-Telegramms vorhanden.

Unter diesen Randbedingungen war der Einsatz der digitalen Hardware des eingeführten Lesegerätes ohne Veränderung möglich.

Leider hat sich im Verlauf des Projektes gezeigt, dass die Dauer eines Bits derzeit noch deutlich höher liegt als ursprünglich angenommen. Diese Verschiebung der Grundfrequenz der Kodierung von ca. 100 Hz auf unter 100 Hz führt zu einer Vervielfachung der Abtastwerte für ein Bit und damit zu einer entsprechenden Vergrößerung des benötigten Speicherbereiches.

Durch eine Optimierung der Firmware, durch welche die Daten effizienter im Speicher abgelegt werden, konnte der verfügbare Speicher für die Abtastwerte verdoppelt werden.

Außerdem hat es sich gezeigt, dass auch mit der nur teilweisen Erfassung eines Vier-bit-Telegramms bzw. mit der Konzentrierung auf Ringoszillator- und Bistate-Tags die zum Nachweis der Funktionsfähigkeit notwendigen Daten gesammelt werden konnten.

Um Vier-bit-Tags vollständig zu erfassen, kann auch noch die Abtastrate reduziert werden. Auf eine Erweiterung des digitalen Teils des Lesegerätes wurde daher verzichtet.

Für die vom Lesegerät erfassten Daten wurde ein PC-Programm erstellt, mit dessen Hilfe das Lesegerät bedient werden kann. Es liest die Werte vom Lesegerät aus, speichert sie und stellt sie grafisch dar. Abbildung 8 zeigt zwei Beispiele: Die oberen beiden Verläufe zeigen jeweils die Eingangssignale und darunter das daraus hervorgehende Nutzsignal. Abbildung 8(a) zeigt beispielhaft das Ergebnis für ein sehr langsam modulierendes Tag. In dem Aufzeichnungszeitraum von ca. 125 ms gibt es genau einen Flankenwechsel. Zum Vergleich sind in Abbildung 8(b) die Abtastwerte für das Referenz-Silizium-Tag dargestellt. In diesem Fall wurde die erweiterte Firmware genutzt und 250 ms aufgezeichnet. Damit wurden ungefähr 50 Zustände erfasst. Dies entspricht einer Grundfrequenz von ca. 110 Hz.

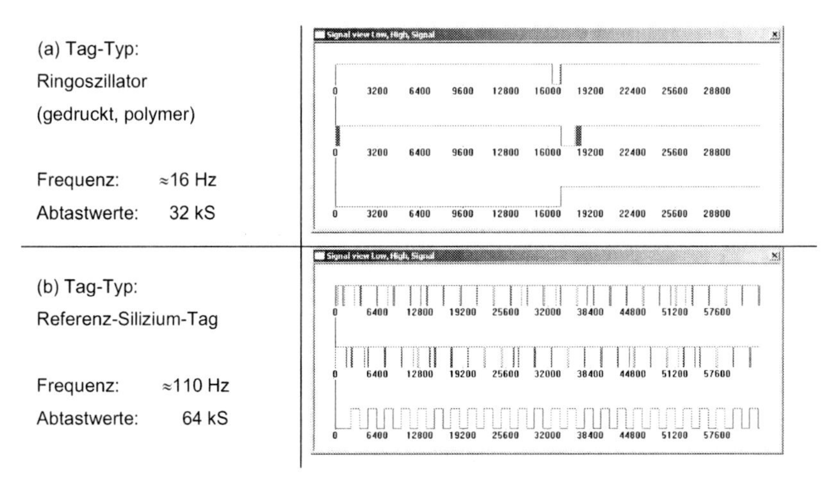

Abb. 8: Auswertung der Signale von Ringoszillatoren am PC

3.8 Schnittstelle zum System

Das Lesegerät verfügt über eine RS422-Schnittstelle mit automatischer Anpassung der Datenrate. Zur Sicherung der Übertragung werden die Telegramme in sog.

Blöcken übertragen, deren Integrität über eine CRC-Prüfsumme gewährleistet wird. Wenn sich das Lesegerät in dem Modus mit automatischer Anwesenheitserkennung befindet, so ist es den überwiegenden Zeitanteil mit Abtasten der Werte vom Analogteil beschäftigt. Um dennoch relativ zeitnah auf Anfragen vom System reagieren zu können, wurde ein Handshake-Verfahren implementiert. Dabei wird dem Lesegerät zunächst ein spezielles Steuerzeichen zugesendet. Erst nachdem das Lesegerät dieses durch Senden eines anderen Steuerzeichens quittiert, wird mit der Übertragung eines gesamten Blockes begonnen. Der Block besitzt eine Endekennung, gefolgt von der Prüfsumme. Reagiert das Lesegerät nicht innerhalb eines Zeitfensters von 300 ms, bricht der PC die Anfrage ab. Diese Vorgehensweise wird gleichermaßen vom Lesegerät bei Übertragungen zum PC verwendet.

Ein Block kann mehrere Telegramme enthalten. Die Telegramme werden im Lesegerät in einer Warteschlange verwaltet und nach dem FIFO-Prinzip abgearbeitet. Die in den Blöcken enthaltenen Telegramme können untergliedert werden in:

- Systembefehle (z. B. RESET, STATUS)
- Mitteilungen (Anwesenheit, Leitungsüberwachung)
- Kommandos (wiederhole_letzten_Befehl, initialisiere_Reader, lese_Tag)

Im RESET-Befehl wird die Betriebsart eingestellt, die Ausprägung der Kommandos ist abhängig von der Betriebsart. Damit können die Kommandos in ihrem Umfang skaliert und auf die jeweilige Betriebsart angepasst werden.

Telegramme zum Lesegerät bestehen aus einer Anforderung (Request), für die im Lesegerät eine entsprechende Antwort (Response) generiert wird. Bei nicht erlaubten oder ungültigen Anfragen wird ein Fehlerkode zurückgegeben, der auch über die LED am Lesegerät angezeigt wird.

Es wurde versucht, Veränderungen gegenüber dem ursprünglichem Interface gering zu halten, sodass auch die Integration dieses RFID-Systems für Polymer-Tags an ein Automatisierungssystem über Standardkomponenten möglich bleibt. Von den Projektpartnern wurde diese Funktion im Rahmen von PRISMA nicht benötigt. Vielmehr war die Einbindung in eine PC-Applikation erforderlich. Deshalb wurde zusätzlich ein

API erstellt, mit der das Lesegerät in eine anwenderspezifische Applikation eingebunden werden kann. Für Testzwecke liegt auch eine Minimalanwendung vor, die z. B. zur Überprüfung der Funktion eines Polymer-Tags geeignet ist (siehe grafische Darstellung in Abbildung 2 rechts).

4. Erkenntnisse und Ergebnisse

Das Projekt PRISMA hat gezeigt, dass Polymer-Tags genauso einsetzbar sein werden wie heute handelsübliche Tags. Die Lesegeräte sind konzeptionell ebenfalls vergleichbar. Systemschnittstellen und Digitalteil sind eins-zu-eins übernehmbar.

Im Verlauf des Projektes PRISMA hat sich herausgestellt, dass sich die Polymer-Tags stetig weiterentwickeln. Einerseits entwickelte sich die Komplexität vom Ringoszillator bis zum Vier-bit-Tag, andererseits wurde die Fertigungstechnologie Stück für Stück vom Reinraum auf die Massenfertigung übertragen, wobei dieser Schritt für die Vier-bit-Tags noch nicht abgeschlossen ist.

Probleme bereiten noch zwei Aspekte der Polymer-Tags: Da ist zum einen die breite Streuung der Tag-Eigenschaften. Während die Reinraum-Tags schon weitgehend einheitliche Eigenschaften aufweisen, unterliegen die gedruckten Tags noch breiten Exemplarstreuungen. Dies trifft z. B. für die Trägerfrequenz (13,56 MHz) zu und ist speziell für die Auslegung und Optimierung der Antenne des Lesegerätes hinderlich. Das Lesegerät ist jedoch strukturell so aufgebaut, dass die Antenne losgelöst von anderen Komponenten noch weiter optimiert werden kann.

Voraussetzung hierfür ist eine kleinere Streuung der Eigenschaften der Polymer-Tags und der Randbedingungen beim Betreiben der Polymer-Tags. Dieses Problem verringert sich mit zunehmender qualitätsgleicher Ausbeute aus dem Massenprozess.

Die Anpassung des Lesegerätes an die veränderten Anforderungen der Polymer-Tags ist hingegen bereits auf einem sehr guten Entwicklungsstand, was unter anderem das sehr gut detektierbare Träger- zu Nutzsignal-Verhältnis zeigt. Auch der Digitalteil und die Firmware sind gut dimensioniert und lassen eine flexible Anpassung zur Detektion weiterer Typen von Polymer-Tags zu. Sind die Eckdaten für Lesegeräte als industrielle Produkte bekannt, können hier mit Augenmerk auf den späteren Zielmarkt noch erhebliche Reduzierungen hinsichtlich Formfaktor und Kosten erreicht werden.

Das weitere Problem ist die derzeit niedrige Datenrate. Interessant ist auch hier die Entwicklung im Verlauf des Projektes. Während die Reinraum-Tags Frequenzen von über 100 Hz lieferten, ergaben sich bei den gedruckten Tags zunächst nur einige Herz. Mittlerweile ist die Rate aber auf über 10 Hz angestiegen.

Mit Sicherheit wird man in den nächsten Jahren nicht auf einem der für Silizium-Tags definierten Standards aufsetzen können. Dafür sind die Unterschiede noch zu groß. Sinnvoll erscheint es hingegen, den Exemplarstreubereich weiter einzugrenzen und für diese Tags einen eigenen Standard zu definieren.

5. Glossar

FET	Feldeffekttransistor
HF	Hochfrequenz
PC	Personal Computer
PRISMA	Printed Smart Label
RFID	Radio Frequency Identification
FFT	Fast Fourier Transformation
DSO	digitales Speicheroszilloskop

Gedruckte RFID-Tags in speziellen Anwendungsfällen: erste Erkenntnisse und Erfahrungen

Stefan Scheller

Inhaltsverzeichnis

1. Einleitung

Mit der Anbahnung des Förderprojektes PRISMA war der Markt für Autoidentifikationssysteme durch eine besondere Dynamik gekennzeichnet. Intelligente Etiketten und Produkte basierend auf modernen RFID-Inlays versprachen hohe Einsparungen und Effizienzsteigerungen in jeglicher Anwendung. Oft wurden viele Einsatzgebiete wieder uninteressanter nachdem die Kosten für konventionelle RFID-Inlays transparenter wurden. Die Erreichbarkeit des „5 cent tags" gilt in vielen Industriebereichen als kritische Größe für eine breite Anwendung von RFID. Die Herstellkosten eines Siliziumchips und dessen Kontaktierung auf einem Koppelelement fielen zwar signifikant bei großen Auflagen, konnten jedoch diese kritische Größe nicht erreichen (vgl. Ward 2004).

Vielversprechend sah dagegen der Ansatz aus, Polymerelektronik für Anwendungen mit sehr günstigen RFID-Inlays einzusetzen. Mit Hilfe moderner Materialien können verdruckbare Kunststoffe hergestellt werden, die elektrische Funktionen übernehmen. Durch Aufbringung und die Kombination dieser Materialien können gedruckte Chips im Mehrschichtaufbau produziert werden. Dies bietet den Anreiz, die Chips und damit die RFID Inlays in Massendruckprozessen auf Basis der organischen Elektronik herzustellen. Durch diese Möglichkeiten eröffnen sich Chancen, RFID für viele Anwendungen auch im Low-Cost Bereich einzusetzen.

Gedruckte RFID ist auch in technischer Hinsicht vorteilhaft gegenüber herkömmlicher, siliziumbasierter RFID. Durch ihre elastischere Struktur sind gedruckte Chips besser gegen mechanische Beanspruchungen geschützt als Siliziumstrukturen. Auch ihr dünnerer Aufbau macht sie attraktiver für den Einsatz in Printprodukten. Anwendungsgebiete in hauchdünnen Tickets für den Personennahverkehr, in Eintrittskarten, Sicherheitsdokumenten oder Etiketten sind auf dieser Basis realisierbar.

Im Forschungsprojekt PRISMA wurden die gedruckten RFID-Tags für zwei Anwendungsgebiete untersucht, zum einen als Unterstützung zur Durchführung von Events, wie Konferenzen und Messen, und zum anderen für das Ticketing im ÖPNV.

2. Gedruckte Elektronik für die Eventorganisation

Gedruckte RFID-Tags werden im Umfeld der Durchführung von Messen und Konferenzen wegen ihrer Eigenschaft der automatischen Identifikation (Auto-ID) diskutiert. Werden Namensschilder oder Eintrittskarten mit gedruckten RFID-Transpondern bedruckt, können anhand dieser die Besucher identifiziert werden und so Mehrwerte sowohl für die Veranstalter als auch für Besucher realisiert werden.

Die Organic Electronics Conference and Exhibition 2007 im Frankfurt wurde für einen Feldversuch in diesem Anwendungsbereich ausgewählt. Hierbei sollten Besucherausweise, auf die die ersten entwickelten RF-Tags (einer Vorstufe der zukünftigen pRFID-Tags), aufgedruckt wurden, einem Funktionstest unterzogen werden. Diese Besucherausweise wurden gemeinsam mit der notwendigen Infrastruktur für den Feldtest entworfen, produziert und zur Verfügung gestellt. Abbildung 1 zeigt die mit den gedruckten RFID-Tags ausgestatteten Besucherausweise.

Abb. 1: Besucherausweise für die OEC mit gedruckten RFID-Tags

Ziel war es, die Leistungsfähigkeit der produzierten Tickets und des Gesamtsystems unter realen Bedingungen zu testen. Dies betraf die Verarbeitung und Ausgabe sowie die eigentliche Benutzung der Eintrittskarten durch die Konferenzteilnehmer.

2.1 Aufbau und Verlauf des Feldversuches

Als Veranstaltungsort der OEC 07 diente das Sheraton Hotel in Frankfurt. Insgesamt wurden 600 Besucher und Teilnehmer erwartet. Aufgeteilt war die Konferenz in verschiedene Ausstellungsbereiche (Exhibition Area) und Konferenzräume (Main conference room), in denen Vorträge stattfanden. Der Feldversuch wurde so gestaltet, dass eine Zugangskontrolle zur eigentlichen Veranstaltung sowie die Auswertung der Raumbelegung eines Konferenzraumes durchgeführt werden konnte.

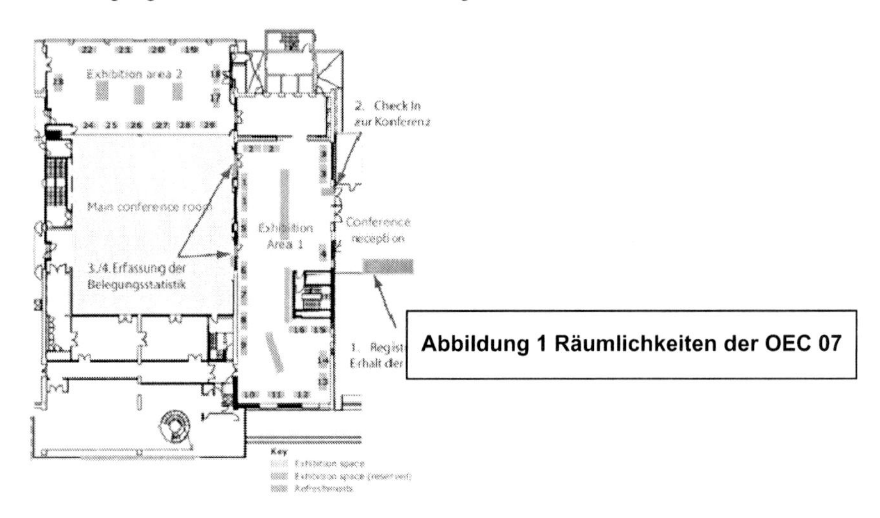

Abb. 2: Konferenzräume der OEC

An Station 1 erhielten die Besucher Zutritt zur Konferenz. Die Funktion bestand darin, den Besucherausweis und damit den integrierten RF-Tag mittels eines Lesegeräts kontaktlos zu authentifizieren und das Ergebnis visuell und akustisch mitzuteilen. Hierzu wurde ein Ampelsystem aufgebaut, das bei erfolgreicher Lesung ein grünes Licht anzeigte. Alle Ergebnisse, die über den Verlauf des Feldtest anfielen, wurden über den Hostrechner protokolliert.

Abb. 3: Zugangskontrolle am Eingang der OEC

Bei Station 3 und 4 dienten Terminals dazu, die Raumbelegung und die statistischen Daten für den Funktionstest zu erfassen. Diese Terminals verfügten ebenfalls über RF-Lesegeräte, visuelle Darstellung und Rechner mit WLAN-Anbindung.

2.2 Ergebnisse aus dem Feldversuch

2.2.1 Konfektionierung und Weiterverarbeitung der Eintrittskarten

Im Vorfeld der Veranstaltung wurde die Produktion und Personalisierung der RF-Eintrittskarten untersucht. Durch die Herstellung der Eintrittskarten wurden die RF-Tags verschiedenen Beanspruchungen wie Temperatureinwirkung durch einen Schmelzklebstoff, Drück- und Biegespannungen ausgesetzt.

Die Weiterverarbeitung, in diesem Fall die Personalisierung der Formulare, die auf der Veranstaltung auf einem handelsüblichen Laserdrucker durchgeführt wurde,

wurde zusätzlich untersucht. Bei der Fixierung des Toners auf den Eintrittskarten musste eine kurzzeitig hohe Energieaufnahme unter Druck einer Fixierwalze durch die Fixiereinheit hingenommen werden.

Da die integrierten RF-Inlays wiederum auch Einfluss auf die Druckqualität und Bedruckbarkeit hatten, musste diesem Thema durch Anpassung und Veränderung der Papiersubstrate Rechnung getragen werden. Die nachfolgende Abbildung gibt die Ergebnisse einer Resonanzfrequenzmessung wieder, die für diese Zwecke durchgeführt wurde.

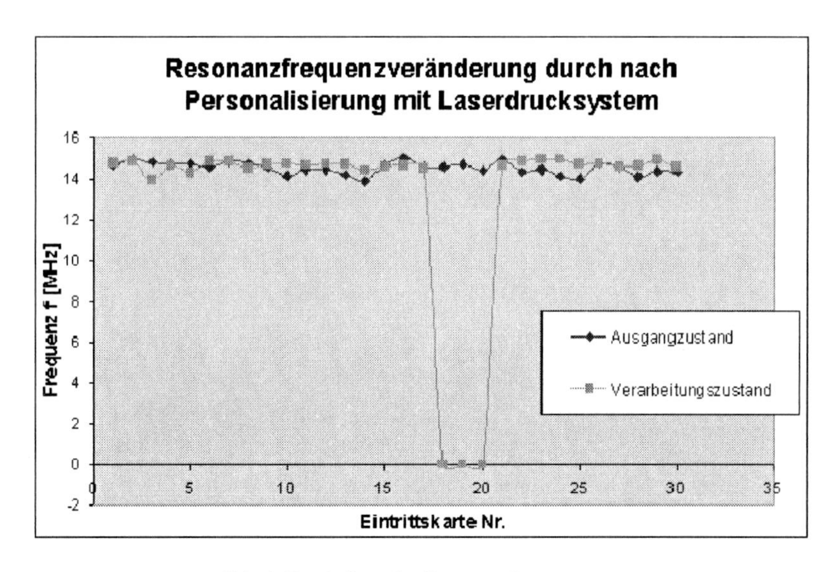

Abb. 4: Ergebnisse der Resonanzfrequenzmessung

2.2.2 Funktionstest der Eintrittskarten auf der OEC

Zur Ermittlung der Haltbarkeit der RF-Eintrittskarten wurde am zweiten Tag der Konferenz eine Messreihe am Check-In Terminal durchgeführt. Dieser Funktionstest gab Aufschluss darüber, ob nach einer gewissen Nutzungsdauer die Funktion der Tags weiterhin gewährleistet ist. Die Grundgesamtheit entsprach allen Eintrittskarten, die in Messzeitraum authentifiziert wurden.

1	Anzahl der Teilnehmer, die in diesem Zeitraum die Räumlichkeiten zur OEC betraten (Aggregation von 2 und 3)	**179**
2	Anzahl der Konferenzteilnehmer, die sich einer Registrierung entzogen (Weigerung, das Namensschild an das Lesegerät zu halten) (wurde von einem Beobachter gezählt)	**19**
3	Anzahl der Konferenzteilnehmer, die elektronisch erfasst wurden (Teilnehmer hat sein Namensschild an das Lesegerät gehalten)	**160**
4	Anzahl der funktionstüchtigen pRFID-Labels (von 160) (wurde vom Terminal gezählt)	**152**
5	Anzahl der nicht funktionstüchtigen pRFID-Labels (von 160)	**8**

Tab. 1: Ergebnisse des Funktionstestes

Der ermittelte Wert der Eintrittskarten, deren elektrische Funktion nicht mehr gewährleistet war, lag bei 5%. Diese Ausfallquote ist auf fehlerhafte Kontaktierung des Chips auf der Antenne, Verschiebung der Resonanzfrequenz aber auch mutwillige Zerstörung zurückzuführen.

2.3 Fazit aus dem Feldversuch

Der Feldversuch konnte erfolgreich angesehen werden: Die Mehrheit der verwendeten RF-Tags überstanden den Einsatz in Besucherausweisen über mehre Tage. Schon zu Beginn der Entwicklung der Besucherausweise sowie des Systems konnten Schwachstellen erkannt werden. Speziell die Materialauswahl sowie das Produktdesign sind ausschlaggebend, um gute Ergebnisse zu den gewünschten Kundenanforderungen wie Bedruckbarkeit, Weiterverarbeitbarkeit und Einsatzbedingungen zu erreichen. Ziel muss dennoch sein, die Leistungsfähigkeit der gedruckten Chips kontinuierlich zu erhöhen. In Zukunft wird für weitere Schritte in diesem Bereich mehr Speicherplatz, eine bessere Einhaltung der Frequenztoleranzen sowie die Möglichkeit fortlaufende Seriennummern zu generieren, erforderlich sein.

3. Gedruckte RFID-Tags für Tickets im ÖPNV

Tickets im öffentlichen Personenverkehr unterliegen einem hohen Wert und sind regelmäßig Ziel von Fälschungen und Betrugsdelikten (vgl. Hasselmann 2003). Das Schützenswerte ist hierbei das Papier, auf das der Wert bzw. die gekaufte Reisestrecke gedruckt wird. Diese Tickets werden in Fahrkartenautomaten bedruckt und dem Kunden nach Anforderung zur Verfügung gestellt. Um es zu erschweren, Tickets zu fälschen, sind einige Sicherheitsmerkmale wie spezielle Aufdrucke, die nur unter UV-Licht sichtbar sind, sowie Hologramme integriert.

In diesem Anwendungsfall können gedruckte RFID-Tags ein günstig herzustellendes Sicherheitsmerkmal für Tickets darstellen. Eine eindeutige, schwer manipulierbare Serienummer je Ticketcharge, die auf einem pRFID-Chip gespeichert ist, könnte bereits eine Basis an Sicherheit darstellen, die nicht mit herkömmlichen Mitteln kopierbar ist. pRFID-Tickets ermöglichen es, schnell und kontaktlos eine sicherere Gültigkeitsprüfung durchzuführen. Die Kosten für Material und Integration würden im Vergleich zur Siliziumtechnik geringer ausfallen (vgl. Dörsam/Dilfer 2006).

Im Rahmen des Forschungsprojektes PRISMA wurden Tickets mit integrierten gedruckten RFID-Tags prototypisch hergestellt. Voraussetzung für den Erfolg war die Eignung für den täglichen Gebrauch und Schutz vor Fälschung und Betrug. Viele Anforderungen spiegeln sich in den bereits gängigen Ticketprodukten wieder, die bereits auf dem Markt erhältlich sind. Häufig wird Thermopapier mit zusätzlichen Sicherheitsmerkmalen verwendet, aber auch in steigender Stückzahl RFID-Papierkarten mit Silizium-RFID-Chips. Häufig sind die eingesetzten Materialien von regionalen und internationalen Unterschieden geprägt. In Deutschland werden häufig Thermopapiere eingesetzt.

Im Rahmen des Forschungsprojektes wurden die Eigenschaften der Tickets charakterisiert. Insbesondere die Dicke, Bedruckbarkeit in Ticketautomaten, weitere Sicherheitsmerkmale und die elektronische Funktionalität der Tickets waren von ausschlaggebender Bedeutung. Die technischen Anforderungen, möglichst viele Parameter in Kombination mit gedruckten RFID-Tags einzuhalten, galt es zu lösen. Die Entwicklung spezieller Inlays für dieses Einsatzgebiet spielte hierbei auch eine besondere Rolle. Spezielle Trägermaterialien, Kontaktierungsklebstoffe und Antennen wurden für diesen Bereich untersucht.

Bis dato konnten Teilschritte zu Entwicklung eines gebrauchsfähigen Tickets erreicht werden. Mit ersten Handmuster wurden Tests in Ticketautomaten durchgeführt und Erkenntnisse für ein spätere Massenproduktion gesammelt. Im Zug der Weiterentwicklung wurden weitere Produktparameter erschlossen. Die Integration von gedruckten RFID-Tags in Tickets in Kombination mit guter Bedruckbarkeit, zusätzlichen optischen Sicherheitsmerkmalen und mechanischer Verarbeitbarkeit ist erreicht. In weiteren Schritten wurde die elektronische Stabilität der Chips erhöht und die Ausbeute an funktionstüchtigen Inlays durch eine optimierte Kontaktierung von Chip zu Antenne verbessert.

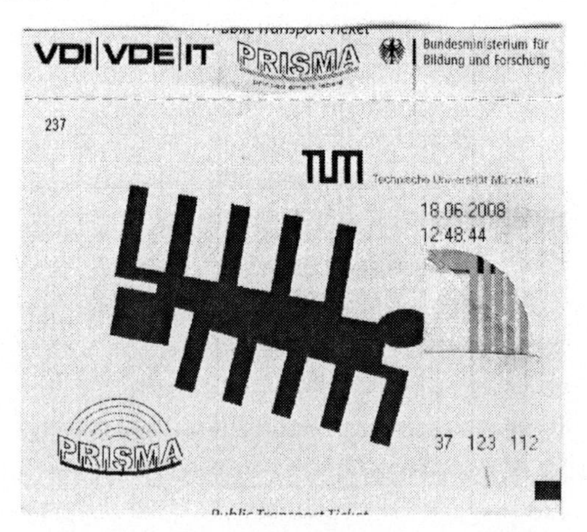

Abb. 2: Ticket mit integriertem Polymer-RFID-Tag

Die Integration von pRFID in gebrauchsübliche Ticketmaterialien ist technisch möglich. In Zukunft müssen einige Parameter weiter optimiert werden. Auch die Kalkulation der Kosten für Integration ist in einem überschaubaren Rahmen in Abhängigkeit von den zusätzlichen Eigenschaften der Ticketmaterialien sowie dem Potential, andere Sicherheitsmerkmale einzusparen.

Von entscheidendem Ausschlag wird für serienfertige Tickets die erreichbare Leistungsfähigkeit der gedrucken RFID-Inlays sowie das Preis/Leistungsverhältnis sein. Gedruckte RFID-Technologie sieht sich schon jetzt einer starken Konkurrenz im Silizium-HF-Bereich gegenüber. Mit modernen Fertigungsverfahren und innovativen Ansätzen ist es aber möglich, Vorteile zu erringen, die konventionelle RFID-Technik nicht erreicht.

4. Zukünftiger Forschungsbedarf

Das Projekt lieferte wichtige Ergebnisse über zukünftige Einsatzgebiete, die Verarbeitung und Entwicklungsmöglichkeiten von pRFID. Ebenso die Erkenntnisse über Schwachstellen und Beschränkungen ermöglichen es, sich in Zukunft effizient mit der Technologie auseinanderzusetzen und Anwendungsgebiete zu erschließen.

Zukünftig ist es von Bedeutung, die Leistungsfähigkeit der gedruckten RFID-Tags im Einsatz der beschriebenen Anwendungsgebiete kontinuierlich zu steigern und zu standardisieren. Besonders der Speicherbedarf und mögliche Funktionen der Chips werden für den zukünftigen Erfolg der Technologie ausschlaggebend sein.

Viele Anforderungen von Kunden und Anwendungsbereichen beruhen auf den Vorkenntnissen der herkömmlichen Silizium-RFID-Technik. Dieser Vergleich sollte mit der gedruckten Elektronik nicht fokussiert werden. Der Ansatzpunkt von pRFID muss bei der Erschließung von Märkten weiterhin die Kosteneffizienz für einfache Anwendungen sein. Gute Anhaltspunkte für die Preisgestaltung bietet die Preisentwicklung herkömmlicher RFID-Inlays, die in vielen Bereich auch Massenanwendungen erschließen. Kosten für pRFID-Inlays mit standardisierter Leistungsfähigkeit dürfen diese Kosten nicht übersteigen.

5. Literaturverzeichnis

HASSELMANN, J. (2003): EIN GEFÄLSCHTES TICKET IST SCHLIMMER ALS GAR KEIN TICKET, IN: DER TAGESSPIEGEL, HTTP://WWW.SPIEGEL.DE/REISE/AKTUELL/0,1518,459580,00.HTML, [17.11.2008]

DÖRSAM, EDGAR UND DILFER, STEFAN (20006): GEDRUCKTE ELEKTRONIK – EINE HERAUSFORDERUNG FÜR DIE DRUCKTECHNIK: KRITISCHE BETRACHTUNG AM BEISPIEL HEUTIGER RFID-SYSTEME, ARBEITPAPIER DER TUDARMSTADT, HTTP://WWW1.IDD.TU-DARMSTADT.DE/PDF/PUBLIKATIONEN/12_DOERSAM_100JAHRE_PMV-GEDRUCKTE_ELEKTRONIK.PDF, [15.11.2008]

WARD, DIANE MARIE (2004): 5-Cent Tag Unlikely in 4 Years, in: RFID-Journal, August 2004, http://www.rfidjournal.com/article/articleview/1098/1/1/, [24.11.2008]

Gedruckte RFID-Tags für die Durchführung von Messen und Konferenzen

Untersuchung der Einflussgrößen auf die Besucherakzeptanz

Ulrich Bretschneider, Jan Marco Leimeister und Helmut Krcmar

Inhaltsverzeichnis

1. Einleitung

Radiofrequenzidentifikation (RFID) ist gegenwärtig ein häufig diskutiertes Thema, sowohl in der Praxis als auch in der Wissenschaft (vgl. bspw. Übersichten bei Leimeister et al. 2009 und Leimeister/Knebel/Krcmar 2007). Dabei ist die Technologie an sich nicht neu. So nutzt das US Militär RFID und seine Vorgängertechnologien bereits seit 1940 für logistische Zwecke (vgl. AIM 2001). Ab den 1970er Jahren setzte sich die RFID-Technologie für den zivilen Gebrauch in der Form von ersten wissenschaftlichen Feldversuchen durch und in den 1980er Jahren begann die kommerzielle Nutzung dieser Technologie (vgl. AIM 2007). Seitdem setzte und setzt sich die Technologie in der Praxis für verschiedenste Anwendungsszenarien durch. Vor allem Industrieunternehmen nutzen diese Technologie. Der Nutzengewinn für Unternehmen macht sich vor allem durch die effizientere Abwicklung der innerbetrieblichen Transport- und Umschlagprozesse, der Lagerverwaltung, des überbetrieblichen Supply-Chain-Management oder der Warenrückverfolgung bemerkbar (vgl. Lange 2004; Wilding/Delgado 2004; Strasser/Fleisch 2005). Seit den 2000er Jahren wird die RFID-Technologie auch in personalisierte Dokumente, wie Reisepässe, Personalausweise etc., integriert. Die RFID-Transponder werden dazu verwendet, um elektronische Fälschungsschutzmechanismen umzusetzen sowie biometrische Merkmale zu speichern.

Ein neues und bis dato in der wissenschaftlichen Forschung noch kaum berücksichtigtes Einsatzgebiet für RFID-Systeme auf Polymerbasis ergibt sich für den Bereich der Veranstaltungsorganisation, insbesondere für Messen und Konferenzen. Für diesen Zweck werden Namensschilder oder Eintrittskarten mit polymeren RFID-Transpondern bedruckt, wodurch Besucher eindeutig identifizierbar werden. Für den Veranstalter aber auch für den Besucher lassen sich so verschiedene Mehrwerte realisieren.

Das Ziel des vorliegenden Beitrages ist zweigeteilt: So gilt es zum einen relevante Faktoren, die die Akzeptanz der Benutzer solcher Namensschilder und Eintrittskarten, also die Besucher von Messen und Konferenzen, beeinflussen könnten, zu identifizieren. Zum anderen werden die identifizierten Einflussfaktoren bei Messe- und Konferenzbesuchern im Rahmen quantitativer Befragungen empirisch abgefragt. Die Ergebnisse aus diesen Befragungen gewähren erste Anhaltspunkte zur Einschätzung der Benutzerakzeptanz. Die Ergebnisse erheben aber nicht den Anspruch, eine konkrete Akzeptanzmessung als solches zu liefern. Vielmehr sollen sie eine Vorstudie für eine Akzeptanzmessung darstellen, aus der erste Erkenntnisse gezogen werden können.

2. Gedruckte RFID-Tags zur Unterstützung der Durchführung von Messen und Konferenzen

Gedruckte RFID-Tags werden im Umfeld der Durchführung von Messen und Konferenzen wegen ihrer Eigenschaft der automatischen Identifikation (Auto-ID) diskutiert. Werden Namensschilder oder Eintrittskarten mit RFID-Transpondern bedruckt, können anhand dieser die Besucher identifiziert werden. Die Anwendung anderer Auto-ID-Technologien, insbesondere der Barcode, ist für die Organisation von Messen und Konferenzen in der Praxis längst zum Standard geworden. Die RFID-Technologie, die in diesem Bereich noch vor einem Durchbruch steht, weist gegenüber dem Barcode allerdings nachfolgend beschriebene Vorteile auf:

- ***Sichtkontaktlosigkeit:*** gedruckte RFID-Tags können im Gegensatz zu Barcode-Systemen auch ohne Sichtkontakt zwischen Tag und Lesegerät, beispielsweise wenn der Tag verdeckt, verschmutzt oder weit vom Lesegerät entfernt ist, ausgelesen werden (vgl. Agarwal 2001);
- ***Pulkfähigkeit:*** Innerhalb der Reichweite eines Lesegerätes können mehrere Tags gleichzeitig ausgelesen werden (vgl. Agarwal 2001);
- ***Speicherfähigkeit:*** Auf einem gedruckten RFID-Tag können weit mehr Informationen als eine Identifikationsnummer alleine hinterlegt werden (vgl. Agarwal 2001);
- ***Fälschungssicherheit:*** Im Vergleich zu einem Barcode ist ein gedruckter RFID-Tag in Sachen Fälschungssicherheit weit überlegen.

Die RFID-Technologie im Allgemeinen kann für die Organisation von Messen und Konferenzen für Veranstalter die in nachfolgender Tabelle vorgestellten Mehrwerte liefern:

Zutrittskontrolle	Enthalten die RFID-Tags personalisierte Daten, kann der Besucherzutritt zu bestimmten Bereichen (z.B. eine VIP-Lounge) oder zu Zusatzveranstaltungen im Rahmen einer Messe oder Konferenz (z.B. Konferenzdinner) kontrolliert werden.
Besucherstromanalyse	Für Messen und Konferenzen können Analysen des Besucherstroms angefertigt werden. Beispielsweise ließe sich für eine Messe aufschlüsseln, welche Wege die Besucher zurückgelegt haben und welche Messestände sie dabei besucht haben.
Erfassung von verschiedenen Daten, wie zum Beispiel Anwesenheitsdauer oder Besucherzahlen	Beispielsweise lässt sich mit Hilfe der RFID-Technologie protokollieren, wie viele Besucher einen bestimmten Vortrag im Rahmen einer Fachtagung oder einer Konferenz besucht haben. Für eine Messe ließen sich Informationen darüber protokollieren, für wie lange Besucher im Durchschnitt einen bestimmten Messestand besucht haben.
Authentifizierung	Die Veranstaltungsleitung von Messen und Konferenzen kann mit Hilfe der RFID-Technologie Echtheitsüberprüfungen der Eintrittskarten vornehmen und so der Fälschung von Eintrittkarten entgegen wirken.

Tab. 1: Mehrwerte für die Organisation und Durchführung von Messen und Konferenzen durch RFID-Technologie

Zwar können einige der in obiger Tabelle beschriebenen Aspekte auch durch Barcode-Systeme umgesetzt werden, allerdings nicht in der von RFID-Lösungen erbrachten Zuverlässigkeit und Schnelligkeit.

In der Praxis befindet sich der Einsatz der RFID-Technologie für die Messe- und Konferenzorganisation derzeit noch in einer frühen Erprobungsphase: Die Unternehmen Océ, Siemens und IBM bestückten beispielsweise die Namensschilder der Besucher ihrer Hausmessen mit RFID-Transpondern und testeten verschiedene Szenarien. So konnten die Besucher beispielsweise mit der Hilfe der Namensschilder personalisierte Informationsmaterialien anfordern. Andere Szenarien sahen vor, dass die Besucher im Eingangsbereich auf Großbildschirmen persönlich begrüßt wurden oder die Besucherzahlen und -fluktuationen aufgezeichnet wurden. Allerdings wurde keines der hier beschriebenen Szenarien mit Hilfe von gedruckten RFID-Tags umgesetzt, sondern mit herkömmlichen RFID-Transpondern auf Siliziumbasis. Die gedruckten Polymer-Tags haben gegenüber den siliziumbasierten Transpondern jedoch den Vorteil, dass sie sehr dünn und flexibel und dadurch mechanisch wesentlich unempfindlicher sind. Zudem ist die Produktion der gedruckten Tags wesentlich kostengünstiger, weshalb sie sich für den massenhaften Druck von Eintrittskarten oder Namensschildern besonders eignen.

3. Einflussgrößen auf die Benutzerakzeptanz von RFID-Tags in der Eventorganisation

In diesem Kapitel sollen die Einflussgrößen, die zur Erklärung der Nutzerakzeptanz von RFID-Anwendungen im Eventbereich beitragen, vorgestellt werden. Die Faktoren wurden anhand einer Literaturrecherche identifiziert.

Die Einflussgröße wahrgenommene einfache Benutzbarkeit kann als ein grundlegender Einflussfaktor auf die Akzeptanz von Informationstechnologien angesehen werden. Dies wurde von Davis (vgl. Davis 1989) in seinem Technologieakzeptanzmodell (TAM) nachgewiesen. Davis/Bagozzi (1989) definieren die wahrgenommene einfache Benutzbarkeit als „the degree to which the prospective user expects the target system to be free of effort." Ebenso wie die wahrgenommene einfache Benutzbarkeit wies Davis auch den wahrgenommenen Nutzen als einen grundlegenden Einflussfaktor auf die Nutzerakzeptanz nach (vgl. Davis 1989). Den wahrgenommenen Nutzen definieren Davis/Bagozzi (1989) als „the prospective user's subjective probability that using a specific application system will increase his or her job performance within an organizational context." Diese Dimensionen wurden von zahlreichen Autoren wegen ihres allgemeingültigen Charakters für die Entwicklung verschiedener Akzeptanzmodelle bzw. die Durchführung verschiedener Akzeptanzuntersuchungen übernommen. Hossain/Prybutok (2008) nutzten diese Faktoren erstmals im Kontext der RFID-Technologie. Sie stellten ein aus dem TAM abgeleitetes Akzeptanzmodell für die RFID-Technologie auf und verwenden darin auch die Faktoren **wahrgenommene einfache Benutzbarkeit** und **wahrgenommener Nutzen**. Auch für den vorliegenden Untersuchungsgegenstand spielen die beiden Faktoren eine Rolle. Dabei ergibt sich für den Besucher einer Messe oder einer Konferenz bei Verwendung der RFID-bestückten Eintrittskarten bzw. Namenschilder insofern ein Nutzen, als dass beispielsweise dem Besucher einer Konferenz via Bildschirm angezeigt werden kann, wie viele Besucher sich während eines Vortrages in einem Konferenzsaal befinden. Desweiteren könnte der Besucher einer Messe oder einer Konferenz persönlich auf einem im Eingangsbereich platzierten Bildschirm begrüßt werden, einem Messebesucher personalisierte Informationsunterlagen zugänglich gemacht werden oder Kontaktdaten elektronisch an Dritte übermittelt werden. Den Aufwand, den Messe- oder Konferenzbesucher zur Verwendung der oben aufgezählten Nutzen in Kauf nehmen müssen, ist als die wahrgenommene einfache Benutzbarkeit zu interpretieren. Die einfache Benutzbarkeit manifestiert sich in dem Umstand, dass die Besucher, um bestimmte Mehrwerte zu aktivieren, seinen RFID-Tag an ein Lesegerät halten müssen.

Eine weitere zu berücksichtigende Einflussgröße, die zwar bislang wenig Eingang in die wissenschaftliche Literatur gefunden hat, dafür aber in der breiten Öffentlichkeit im Zuge der RFID-Diskussion debattiert wird, ist die Echtheitszertifizierung, die durch RFID-Technologie ermöglicht werden kann. Beispielsweise wird in diesem Kontext in der Praxis derzeit erprobt, winzige RFID-Tags in Geldscheine zu integrieren. In den USA werden seit Oktober 2006 nur noch Reisepässe ausgegeben, die einen RFID-Tag tragen, und der Pharmahersteller Pfizer nutzt die RFID-Technologie zur Echtheitszertifizierung, indem er Medikamentenpackungen mit RFID-Transpondern ausstattet. Auch für den Bereich der Organisation von Messen und Konferenzen spielt die Echtheitszertifizierung eine Rolle (vgl. oben). Da die RFID-Technologie zur **Fälschungssicherheit** von Eintrittskarten etc. beiträgt und diese letztendlich auch im Interesse von Besuchern ist, soll dieser Aspekt als Einflussgröße auf die Benutzerakzeptanz für die zu Grunde liegende Untersuchung berücksichtigt werden.

Wenn RFID-Tags in der Messe- und Konferenzorganisation eingesetzt werden, muss auch die Privatsphäre berücksichtigt werden. Die Privatsphäre der Benutzer übt insofern einen Einfluss auf die Akzeptanz aus, als das die Bewegungen und Aufenthaltsorte von Messe- und Konferenzbesuchern mit Hilfe der RFID-Tags aufgezeichnet werden können (vgl. oben). Dieses **Tracking** wird in der Literatur aus der Perspektive der Benutzer als möglicher Eingriff in die Privatsphäre diskutiert (vgl. Jones 2004; Ohkubo/Suzuki/Kinoshita 2005; Spiekermann/Ziekow 2004).

Ein weiterer Faktor, der einen Einfluss auf die Benutzerakzeptanz ausüben könnte, ist der Aspekt der **Datensicherheit**. So wird das von Nutzern unbemerkte Auslesen der persönlichen Nutzerdaten auf dem RFID-Tag in der Literatur als ernstzunehmendes Problem beschrieben (vgl. Günther/Spiekermann 2004; Ohkubo/Suzuki/Kinoshita 2005; Smith 2005; Spiekermann/Ziekow 2004). Übertragen auf den Untersuchungsgegenstand könnte ein Angstszenario so aussehen, dass beispielsweise die persönlichen Daten der Messebesucher von Ausstellern unbemerkt ausgelesen werden, um diese für ungefragte Werbezwecke zu benutzen. Aus diesem Grund soll der Faktor Datensicherheit auch für die vorliegende Untersuchung herangezogen werden.

Außerdem könnten **gesundheitliche Bedenken** der Besucher einen relevanten Einflussfaktor darstellen. Dieser Aspekt ist in der öffentlichen Wahrnehmung wegen der möglichen Einwirkung der elektromagnetischen Felder auf den menschlichen Körper häufig diskutiert. Aus diesem Grund soll er auch in der vorliegenden Studie Berücksichtigung finden.

4. Untersuchungsdesign zur quantitativen Befragung

Die oben identifizierten Einflussfaktoren wurden im Rahmen einer quantitativen Befragung abgefragt. Die Zielgruppe der Befragung setzte sich zum einen aus den Besuchern der internationalen Fachkonferenz „Organic Electronics Conference and Exhibition“, die im September 2007 in Frankfurt stattfand, und zum anderen aus den

Besuchern der internationalen Fachmesse „MEDIA-TECH Expo“, die im Mai 2008 in Frankfurt stattfand, zusammen.

Für die Erhebung im Rahmen der beiden Events wurde ein identischer Fragebogen in englischer Sprache entworfen. Die identifizierten Einflussfaktoren wurden in Aussagen übersetzt, die die Befragten anhand einer fünfstufigen Rating-Skala nach ihrem subjektiven Empfinden bewerten sollten („trifft voll zu“ = 5 bis „trifft gar nicht zu“ = 1). Die folgende Tabelle stellt die für den Fragebogen benutzten Items den zugehörigen Einflussfaktoren gegenüber.

Determinanten	**Im Fragebogen verwandte Items**
Wahrgenommener Nutzen	In general, with the help of name badges or tickets equipped with RFID-tags different services as described[1] above could be offered to visitors of exhibitions and conferences. In my opinion, services like these would be an additional benefit for visitors.
Wahrgenommene Einfachheit der Bedienung	To enter a conference room you need to touch the reader station (located at the entrance) with the badge. This procedure does not cause any inconvenience to me.
Fälschungssicherheit	In my opinion RIFD will contribute to protect counterfeiting of tickets.
Tracking	I fear that the organiser of the MEDIA TECH Expo/OEC could monitor (with the help of the RFID technology) which event, presentation, workshop, or exhibitor I attended/visited.
Datensicherheit	By using RFID tickets on the MEDIA-TECH Expo/OEC I fear that a third party could steal my personal information saved on the RFID-tag.

[1] Mögliche Serviceleistungen wurden zusätzlich an anderer Stelle im Fragebogen erläutert.

Determinanten	Im Fragebogen verwandte Items
Gesundheitliche Bedenken	I fear that the radio frequency technology could affect my health.

Tab. 2: Einflussfaktoren und die dazugehörigen Items

Im Rahmen eines Pre-Testes mit 8 Experten zum Thema RFID aus dem Wissenschafts- und Unternehmensumfeld wurde der ursprüngliche Fragebogen überprüft und weiterentwickelt. Die endgültige Version des Fragebogens wurde Besuchern der OEC und der MEDIA-TECH Expo vorgelegt. Da die Auswahl der Befragungsteilnehmer zufällig erfolgte, war die Stichprobe selbstselektierend. Da zudem keine Grundgesamtheit ausgemacht werden konnte, kann nicht sichergestellt werden, dass die Stichprobe repräsentativ ist.

In der Literatur zur Akzeptanzforschung wird das Problem der internen Validität diskutiert (vgl. Wilde/Hess/Hilders 2008). Dabei geht man davon aus, dass das zu Grunde liegende Untersuchungsobjekt noch nicht im Markt eingeführt worden ist, dem Befragten also noch nicht bekannt ist. Aus diesem Grund ist das Untersuchungsobjekt für den Probanden nur schwer vorstellbar und kann auf Grund von Erklärungen alleine nur schwer in das persönliche Umfeld eingeordnet werden (vgl. Kollmann 2000). Dies kann bei den Probanden zu Fehleinschätzungen und -interpretationen führen und damit die Brauchbarkeit der Ergebnisse in Frage stellen. Da die Anwendung der RFID-Technologie für die Messe- und Konferenzdurchführung als grundlegend neu und noch nicht etabliert einzustufen ist und damit noch nicht in dem Umfang im Wahrnehmungsbereich der Befragten verankert sein dürfte, trifft das Problem der internen Validität hier grundsätzlich auch zu. Diesem Problem wurde im Rahmen der Befragung insofern begegnet, als das den Befragten die Möglichkeit eingeräumt wurde, diese Technologie zu testen und auszuprobieren. So erhielten alle Besucher der beiden Veranstaltungen eine Eintrittskarte (die gleichzeitig als Namensschild verwendbar war), die mit einem funktionsfähigen gedruckten RFID-Tag ausgestattet war. Mit diesem Tag konnten die Besucher verschiedene Serviceleistungen ausprobieren. So wurden beispielsweise im Eingangsbereich zu unterschiedlichen Konferenzräumen die aktuellen Raumbelegungszahlen für den Besucher angezeigt. Um die Belegungszahlen zu erfassen, mussten alle Besucher, die die Vortragsräume betraten, ihre mit den gedruckten RFID-Tags bestückten Namensschilder an ein Lesegerät halten, welches dann die Besucher zählte. Dieses Versuchsszenario versetzte die Besucher in die Lage, den damit verbundenen Nutzen und die Bedienbarkeit im Vorfeld der Befragung selber zu erfahren.

Insgesamt nahmen 416 Personen an der Befragung teil, von denen nach Datenbereinigungsmaßnahmen (ungültige Fragebögen wurden entfernt) 387 vollständig auswertbare Antwortsätze für die Auswertung zur Verfügung standen.

5. Darstellung und Interpretation der empirischen Ergebnisse

5.1 Soziodemografische Struktur der Stichprobe

Von den 387 Teilnehmern der Befragungen waren 324 männlich (83,72%). Die Mehrheit der Befragten sind in die Altersgruppe von 31 bis 40 Jahren einzuordnen (135), 101 der Befragten waren zwischen 41-50 Jahre und 75 der Befragten zwischen 21 und 30 Jahren alt.

135 Teilnehmer an der Befragung (34,88%) arbeiten in der Wissenschaft bzw. der Forschung und 228 Teilnehmer (58,92%) arbeiten in der Wirtschaft. Die nachfolgende Tabelle gibt die detaillierten Ergebnisse wieder.

Merkmal (N)	Anzahl	Prozent %
Geschlecht (387)		
Männlich	324	83,72
Weiblich	63	16,28
Alter (387) (Spannbreite: 15 bis 70)		
bis 20	6	1,55
21-30	75	19,38
31-40	135	34,88
41-50	101	26,10
51-60	45	11,63
Über 60	10	2,58
Keine Angabe	15	3,88

Merkmal (N)	Anzahl	Prozent %
Beruf (387)		
Wissenschaft/Fo	135	34,88
Freie Wirtschaft	228	58,92
Keine Angabe	24	6,20
Herkunftsländer (387)		
Deutschland	145	37,47
Niederlande	31	8,01
Groß Britannien	27	6,97
Japan	20	5,17
USA	16	4,13
Sonstige	139	35,92
Keine Angaben	9	2,33

Tab. 3: Soziodemografische Daten der Befragung

5.2 Ergebnisse zu den Einflussfaktoren

In diesem Abschnitt werden die Ergebnisse zu den Einflussfaktoren dargestellt und analysiert. Die nachfolgende Tabelle gibt einen Überblick über die Ergebnisse mit den jeweiligen arithmetischen Mittelwerten (M) und den Standardabweichungen (SD).

Einflussfaktor	Item	N	M	SD
Wahrgenommener Nutzen	In general, with the help of name badges or tickets equipped with RFID-tags different services as described[2] above could be offered to visitors of exhibitions and conferences. In my opinion, services like these would be an additional benefit for visitors.	378 von 387	3,619	1,123

[2] Mögliche Serviceleistungen wurden zusätzlich an anderer Stelle im Fragebogen erläutert.

Einflussfaktor	Item	N	M	SD
Wahrgenommene Einfachheit der Bedienung	To enter a conference room you need to touch the reader station (located at the entrance) with the badge. This procedure does not cause any inconvenience to me.	377 von 387	3,241	1,293
Fälschungssicherheit	In my opinion RIFD will contribute to protect counterfeiting of tickets.	379 von 387	3,868	1,058
Tracking	I fear that the organiser of the MEDIA TECH Expo/OEC could monitor (with the help of the RFID technology) which event, presentation, workshop, or exhibitor I attended/visited.	379 von 387	2,897	1,344
Datensicherheit	By using RFID tickets on the MEDIA-TECH Expo/OEC I fear that a third party could steal my personal information saved on the RFID-tag.	379 von 387	2,406	1,261
Gesundheitliche Bedenken	I fear that the radio frequency technology could affect my health.	379 von 387	1,887	1,059

Tab. 4: Ergebnisse der Befragung

Der arithmetische Mittelwert des Einflussfaktors **wahrgenommener Nutzen** zeigt eine mittlere Ausprägung (3,619; SD = 1,123). Demnach bewertet zwar eine knappe Mehrheit der Befragten die Serviceleistungen, die sich mit Hilfe der RFID-bestückten Eintrittskarten für Messe- und Konferenzbesucher generieren lassen, für sich als einen Mehrwert, doch sehen auch viele hierin keinen echten Mehrwert. Da diese Leistungen weder eine echte Zeit- noch Kostenersparnis für den Besucher einbringen, interpretieren die Skeptiker diese wohl eher als Spielereien, auf die im Zweifelsfall auch hätte verzichtet werden können.

Die **wahrgenommene einfache Bedienung**, die sich in dem Umstand für den Besucher manifestiert, die mit RFID-Tags ausgestatteten Eintrittskarten oder Namensschilder an Lesegeräte zu halten, um einen Besucherservice nutzen zu können, wird von den Befragten im Durchschnitt als mittelmäßig bewertet (arithmetisches Mittel = 3,241; SD = 1,293). Damit ist dieses Ergebnis als logische Konsequenz des Ergebnisses zum Faktor „wahrgenommener Nutzen" zu werten: Zwar wird der vom Besucher zu leistende Aufwand, um eine Serviceleistung nutzen zu können, nicht wirklich als störend empfunden, aber angesichts des dabei zu erwartenden geringen Mehrwerts der Serviceleistungen (vgl. oben) auch nicht als lohnenswert. Dabei ist davon auszugehen, dass die Befragten rationale Entscheidungen fällen: Wäre der Nutzen für die Befragten ein höherer, würden die Befragten den Aufwand wohl eher in Kauf nehmen und damit entsprechend positiver bewerten.

Ebenso messen die Befragten der Tatsache, dass die RFID-Tags in den Eintrittskarten zur **Fälschungssicherheit** beitragen, eine mittlere bis hohe Bedeutung bei (arithmetisches Mittel = 3,868; SD = 1,058). Aus diesem Ergebnis kann abgelesen werden, dass die Mehrheit der Befragten die Fälschungssicherheit, die in erster Linie einen Mehrwert für den Veranstalter bedeutet, auch für sich selbst als einen Vorteil sehen.

Der Möglichkeit, dass die Veranstalter von Messen und Konferenzen ein **Tracking** der Besucher mit Hilfe der RFID-bestückten Eintrittskarten realisieren könnten, wird von den Befragten im Durchschnitt eine mittlere Bedeutung beigemessen (arithmetisches Mittel = 2,897; SD = 1,344). Dieses Ergebnis zeigt, dass einem nicht unbedeutenden Teil der Befragten ein mögliches Tracking nichts auszumachen scheint. Damit wird das Ergebnis von Hossain/Prybutok (2008) widergespiegelt, die in ihrer Untersuchung zu Benutzerakzeptanz von RFID-Systemen in unterschiedlichen Anwendungskontexten exakt denselben Sachverhalt abfragten und zu der Erkenntnis gelangten, dass die Möglichkeit des Personentracking keinen signifikanten Einfluss auf die Akzeptanz von RFID-Systemen ausübt. Eine mögliche Erklärung für diese Wahrnehmung mag darin liegen, wie RFID-Systeme im Allgemeinen und im Speziellen im vorliegenden Untersuchungskontext genutzt werden. So operieren solche

Systeme meist im Verborgenen und aus der Sicht des Benutzers unbemerkt und somit außerhalb des Bewusstseins des Benutzers.

Ebenso überraschend wie das Ergebnis zum Faktor Tracking ist das Ergebnis zum Faktor **Datensicherheit**. So schätzen die Befragten die Gefahr, dass die auf dem RFID-Tag gespeicherten persönlichen Daten unbefugt ausgelesen werden könnten, im Durchschnitt eher als unproblematisch ein (arithmetisches Mittel = 2,406; SD = 1,261). Damit steht das Ergebnis in einem Kontrast zu den Ergebnissen von Hossain/Prybutok (2008), die in ihrer Untersuchung denselben Faktor abfragten. Als Erklärung hierfür ist wohl der Neuheitscharakter der RFID-Technologie in diesem Anwendungskontext heranzuziehen. So dürfte den meisten der Befragten die Problematik der Datensicherheit zu diesem Zeitpunkt noch nicht ausreichend bewusst gewesen sein.

Gesundheitliche Risiken, die aus der Funktechnologie der RFID-Tags resultieren könnten, befürchten die Befragten im Durchschnitt nicht (arithmetisches Mittel = 1,887; SD = 1,059).

6. Fazit

Die RFID-Technologie stellt für die Durchführung von Messen und Konferenzen ein neues Anwendungsfeld dar, das in der wissenschaftlichen Literatur bislang keine Berücksichtigung gefunden hat. Der vorliegende Beitrag hat die Einflussgrößen, die potenziell auf die Besucherakzeptanz wirken, herausgearbeitet und diese im Rahmen einer Befragung von Besuchern einer Messe und einer Konferenz bewerten lassen. Die Ergebnisse erheben nicht den Anspruch, eine konkrete Akzeptanzmessung als solches zu sein. Vielmehr sollen sie eine Vorstudie für eine Akzeptanzmessung darstellen, aus der erste Erkenntnisse gezogen werden können.

So brachten die Ergebnisse zwei wesentliche Erkenntnisse: Zum einen konnte gezeigt werden, dass die Befragten die Mehrwerte, die sich für die Besucher durch den Einsatz der RFID-Technologie bei der Durchführung von Messen und Konferenzen ergeben, im Durchschnitt nicht sehr hoch schätzen. Da diese aber das Potenzial haben, die Akzeptanz bei den Besuchern insgesamt zu steigern, sollten für die Zukunft zusätzliche Mehrwerte, die in Qualität und Quantität über die oben beschriebenen deutlich hinaus gehen, generiert werden.

Bemerkenswert an den Ergebnissen ist zum anderen die erste Erkenntnis, dass ein nicht unbedeutender Teil der Befragten das aus Besuchersicht als problematisch einzustufende Tracking als unkritisch bewertet hat. Auch der Aspekt, dass die auf den RFID-Tags gespeicherten persönlichen Daten unbemerkt ausgelesen werden könnten, scheint einem Großteil der Befragten nicht zu stören. Es scheint für diese beiden Aspekte beim Verbraucher aktuell noch kein Bewusstsein entwickelt worden zu sein, zumal aus Plausibilitätsüberlegungen heraus anzunehmen war, dass diese beiden Faktoren eine negative Bewertung erhalten würden. Dabei ist zu berücksichtigen, dass diese Erhebung zu einem Zeitpunkt stattgefunden hat, zu dem die RFID unterstützte Durchführung von Messen und Konferenzen noch äußerst neu und noch keinesfalls etabliert ist. Sie befindet sich aktuell in einer frühen Testphase. Entsprechend ist dieses Anwendungsszenario auch noch nicht in das breite Interesse der Öffentlichkeit gerückt, so dass sich die Probanden im Vorfeld der Befragung eine hinreichende Meinung zu den damit verbundenen Problemen hätten bilden können. Es ist anzunehmen, dass dies die Erklärung für die noch geringe Wahrnehmungsausprägung bei den Besuchern zu den Aspekten des Trackings und der Datensicherheit ist. Aus diesem Grund sind diese Ergebnisse entsprechend vorsichtig zu interpretieren.

7. Literaturverzeichnis

AGARWAL, V., Assessing the benefits of Auto-ID Technology in the Consumer Goods Industry, Cambridge University Auto ID Centre, Cambridge, 2001.

AIM, Shrouds of time: The history of RFID, 2001.

DAVIS, F. D., Perceived usefulness, perceived ease of use, and user acceptance of information technology in: MIS Quaterly 13 (1989) 318-339.

DAVIS, F. D.; BAGOZZI, R. P., User acceptance of computer technology: A comparison of two theoretical models, in: Management Science 35 (1989) 982-1003.

FINKENZELLER, K., RFID-Handbuch, Hanser, München, 2002.

GÜNTHER, O. S.; SPIEKERMANN, S., RFID vs. Privatsphäre – ein Widerspruch?, in: Wirtschaftsinformatik 46 (2004) 245-246.

HOSSAIN, M. M.; PRYBUTOK, V. R., Consumer Acceptance of RFID Technology: An Exploratory Study, in: IEEE Transactions on Engineering Management 55 (2008) 316-328.

JONES, P.; CLARKE-HILL, C.; HILLIER, D.; SHEARS, P.; COMFORT, D., Radio frequency identification in retailing and privacy and public policy issues, in: Management Research News 27 (2004) 46-56.

KOLLMANN, T., Akzeptanzprobleme neuer Technologien: Die Notwendigkeit eines dynamischen Untersuchungsansatzes in: Bliemel, F., Fassott, G.,Theobald, A. (Hrsg.), Handbuch Electronic Commerce, Wiesbaden, 2000, pp. 27-45.

LANGE, V., Perspektiven für die Nutzung der RFID-Technologien in Supply Chain Management und Logistik, in: IM 19 (2004) 20-26.

LEIMEISTER, J. M.; KNEBEL, U.; KRCMAR, H., RFID as Enabler for the Boundless real-time Organisation: Empirical Insights from Germany, in: International Journal of Networking and Virtual Organisation 4 (2007) 45-64.

LEIMEISTER, S.; LEIMEISTER J. M.; KNEBEL, U.; KRCMAR, H., A cross-national comparison of perceived stategic importance of RFID for CIOs in Germany and Italy, in: International Journal of Information Management 29 (2009).

OHKUBO, M.; SUZUKI, K.; KINOSHITA, S., RFID privacy issues and technical challenges, in: Communication of the ACM 48 (2005) 66-71.

SMITH, A., Exploring radio frequency identification technology and its impacts on business systems, in: Inf. Manage. Comp. Security 13 (2005) 16-28.

SPIEKERMANN, S.; ZIEKOW, H., Technische Analyse RFID-bezogener Angstszenarien, Institut für Wirtschaftinformatik, Humbold-Universität zu Berlin, Berlin, 2004.

STRASSNER, M.; FLEISCH, E., Innovationspotential von RFID für das Supply-Chain-Management in: Wirtschaftsinformatik 47 (2005) 45-54.

WILDE, T.; HESS, T.; HILDERS, K., Akzeptanzforschung bei nicht marktreifen Technologien: typische methodische Probleme und deren Auswirkungen in: Bichler, M. et al. (Hrsg.), Proceedings Multikonferenz Wirtschaftsinformatik Berlin, 2008, pp. 1031-1042.

WILDING, R.; DELGADO, T., RFID Demystified: Supply Chain Applications, in: Logistics & Transport Focus 6 (2004).

Printed RFID-Tags für den Einsatz im öffentlichen Personenverkehr

Anforderungen und erste Erkenntnisse an bzw. aus der Entwicklung spezifischer Fahrkartenautomaten

Michael Charles

Inhaltsverzeichnis

1. Einleitung

Gerade Fahrkarten mit höheren Entgeltpreisen wie z. B. Monatskarten stellen stets einen Anreiz zur Fälschung dar. Die Manipulation von einzelnen, bereits ausgestellten Fahrausweisen weist eine relativ geringe Betrugswahrscheinlichkeit auf. Die größere Gefahr geht von einem Aufbruch von Fahrkartenautomaten und die Entnahme des Rohmaterials aus. Mit Hilfe von unbedrucktem Fahrkartenpapier könnten relativ leicht Fahrkartenfälschungen angefertigt werden. Durch die Integration von schwer nachzuahmenden Merkmalen in das Papier im Zuge der Ticketbedruckung im Automaten kann dieser Gefahr begegnet werden.

Ein zentraler Aspekt im Forschungsprojekt PRISMA war es deshalb, die im Rahmen des Projektes entwickelten druckbaren RFID-Transponder für den Einsatz im Öffentlichen Personenverkehr zum Zwecke der Erhöhung der Fälschungssicherheit vorzubereiten. Die Idee dabei ist, gedruckte RFID-Transponder als innovatives Sicherheitsmerkmal von Dauerfahrscheinen im öffentlichen Personennahverkehr nutzbar zu machen, und zwar durch den Umstand, dass diese erst zum Zeitpunkt der Ticketproduktion im Fahrkartenautomat mit Polymer-Tags bedruckt werden.

In der Vergangenheit wurde bereits versucht, mit verschiedenen Sicherheitsmerkmalen das Fahrkartenpapier fälschungssicherer zu gestalten. Zu diesen herkömmlichen Sicherheitsmerkmalen gehören u. a. Hologramme, Guillochen oder Wasserzeichen. All diese genannten Sicherheitsmerkmale sind allerdings bereits vor der Bedruckung der Tickets im Fahrscheinautomat auf den Rohlingen aufgebracht. Durch die Verwendung des neuen Sicherheitsmerkmals „gedruckter RFID Transponder" wird die technische Voraussetzung geschaffen, das Papier und den Aufdruck des Sicherheitsmerkmales von einander zu trennen und erst unmittelbar vor der Produktion – also bei Bedarf – miteinander zu verbinden.

2. RFID-Transponder auf Fahrscheinen

Die Verwendung von RFID-Technologie im ÖPNV ist kein absolutes Novum mehr (vgl. Boedicker 2006, S. 6; Franke/Dangelmaier 2006, S. 197; Finkenzeller 2006; Wissendheit/Kuznetsova 2006, S. 17). Schon seit einigen Jahren nutzt beispielsweise die Moskauer Metro Kunststoffkarten mit integrierten Silizium-RFID-Chips als Fahrscheine. Seit Januar 2007 läuft ein entsprechender Test. Für die Moskauer Metro stehen dabei als Ziele vor allem die Aspekte Zuverlässigkeit, Fälschungssicherheit sowie Beschleunigung der Fahrscheinkontrollen im Vordergrund. Die Testphase endete im Sommer 2007, aus der erste Ergebnisse für den Einsatz von flächendeckenden Silizium-RFID-Chips zur Verfügung standen. Ein weiteres Beispiel stellt der Verkehrsverbund Rhein-Ruhr (VRR) dar. Der VRR hat im Jahr 2003 alle Monatsfahrkarten aus Papier durch Kunststoffkarten mit RFID-Technologie ersetzt. Seit 2006 setzt die Kreisverkehr Schwäbisch Hall GmbH die KOLIBRICARD im check-in check-out (CICO) Verfahren ein. Auch hier wird eine Kunststoffkarte mit RFID-Technik eingesetzt.

Allerdings wurde keines der beiden beschriebenen Szenarien mit Hilfe von gedruckten RFID-Tags umgesetzt, sondern mit herkömmlichen RFID-Transpondern auf Siliziumbasis. Die gedruckten Polymer-Tags haben gegenüber den siliziumbasierten Transpondern jedoch den Vorteil, dass sie sehr dünn und flexibel, dadurch mechanisch wesentlich unempfindlicher sind und sich daher für die Produktion direkt im Fahrscheinautomat und somit die Nutzung als Sicherheitsmerkmal besonders eignen. Zudem sind gedruckte RFID-Tags wesentlich kostengünstiger als Silizium-Tags, weshalb sie sich für den massenhaften Druck von Fahrscheinen darüber hinaus besonders eignen. In Verbindung mit den geringen Herstellungskosten stellt die polymerbasierte RFID-Technik also einen nicht zu unterschätzenden Wert für Verkehrsunternehmen dar.

3. Automaten zur Produktion von Fahrscheinen mit integriertem Polymer-RFID-Tag

3.1 Anforderungen

Damit Fahrscheine direkt im Fahrkartenautomat mit Polymer-Tags bedruckt werden können, ergeben sich besondere technische Anforderungen an die Entwicklung von spezifischen Fahrscheinautomaten. Die Ausgabe von gedruckten RFID-Fahrkarten aus einem Automaten des öffentlichen Personenverkehrs erscheint zunächst wenig spektakulär. Bei genauerer Betrachtung ergeben sich aber, im Gegensatz zum üblichen Materialfluss in einem Fahrkartenautomaten, Abweichungen bei der Warenausgabe. In einem Fahrkartenautomat wird das Fahrkartenpapier in Form einer Endlosrolle in einen Automaten eingelegt. Bei Papier ohne RFID-Tag kann das Fahrkartenpapier von Anfang bis zum Ende vollständig bedruckt werden. Bei Endlospapier, das gedruckte RFID-Tags beinhaltet, muss eine Qualitätsprüfung jedes Tags durchgeführt werden. Die Qualitätsprüfung ist notwendig, da davon auszugehen ist, dass nach der Verleimung mit dem Fahrkartenpapier einige Tags nicht funktionsfähig sein könnten. Ein Entfernen einzelner defekter Tags aus dem Endlospapier ist innerhalb des Fertigungsprozess nicht möglich.

Jeder RFID-Tag in dem Fahrkartenpapier wird vor der Ausgabe gelesen. Zum eindeutigen Positionieren des gedruckten RFID-Tags unter dem Sensor (der Antenne) wird die auf dem Fahrkartenpapier befindliche Steuermarke genutzt. Ein Transport und die Positionierung des Fahrkartenpapiers ohne Steuermarken sind wegen des Schlupfes der Papierförderung nicht möglich. Der Schlupf des Papierförderrades auf dem Papier ist von verschiedenen Faktoren wie zum Beispiel Luftfeuchtigkeit und Temperatur abhängig. Durch den Schlupf ist ein schleichender Versatz des RFID-Tags im Fahrkartenpapier zu dem Sensor im Druckerrack festzustellen. Um eine eindeutige Positionierung des gedruckten RFID-Tags und einen eindeutigen Abschlagpunkt des finalisierten Fahrscheins gewährleisten zu können erscheint der Einsatz einer Steuermarke als die einfachste Lösung.

Stellt der Sensor in dem Druckerrack des Automatendruckers ein funktionsloses gedrucktes RFID-Tag fest, darf der Fahrkartenautomat diese Fahrkarte nicht an den Kunden ausgeben. Allerdings befindet sich der funktionslose Fahrschein im Papierlauf zur Ausgabeschale. Um zu verhindern, dass der funktionslose Fahrschein in die Ausgabeschale gelangt, musste eine alternative Papierführung konstruiert werden. Auch musste eine Umschaltung der Papierführung realisiert werden, die es ermöglicht, die defekten Fahrkarten in einem internen Auffangbehältnis zu sammeln. Durch die übliche Modulanordnung in einem Fahrkartenautomaten (wie zum Beispiel ein großes Display, Bargeldannahme, Wechselgeldrückgabe, bargeldloser Zahlungsverkehr sowie verschiedene Papiersorten), ist der Platz für eine alternative Papierführung relativ begrenzt. Durch den Produktionsablauf im Automaten kann die Selektion von funktionsfähigen und funktionsunfähigen Fahrkarten nur im Bereich der Ausgabeschale stattfinden. Zusätzlich musste ein Platz für ein Auffangbehältnis der funktionslosen RFID-Fahrkarten berücksichtigt werden.

Das mit RFID-Tags durchsetzte Fahrkartenpapier weist andere Materialeigenschaften auf als das Fahrkartenpapier, welches üblicherweise an einem Fahrkartenautomaten ausgegeben wird. Das Fahrkartenpapier mit RFID-Tags ist stärker und weist Dickenschwankungen auf. Die gedruckten RFID-Tags liegen zwischen miteinander verklebten Papierschichten. Die vorab definierte Fahrkartenlänge ist länger als die Länge der gedruckten RFID-Tags. Durch die Längendifferenz zwischen den Abschlagpunkten der Fahrkarte und der Länge des gedruckten RFID-Tags ergeben sich zwischen den gedruckten RFID-Tags weniger starke Abschnitte auf dem Fahrkartenendlospapier. Besonders an den Umlenkpunkten des Fahrkartenpapiers ist die schwankende Papierstärke beachtenswert. Bei engen Umlenkrollen hebt sich das Fahrkartenpapier mit den gedruckten RFID-Tags – je nach Position des Tags an der Rolle – etwas von der Umlenkrolle ab. Die daraus resultierenden Lastwechsel an der Papierrolle, vor allem aber an dem Papierförderantrieb des Fahrkartendruckers, spielen eine Rolle bei dem Anspruch an ein gleichmäßiges Druckbild. Ein durch Lastwechsel verursachter Schlupf des Papierförderantriebs an dem Papier würde das Schriftbild des Fahrscheinausdrucks stauchen. Das die Abschlagpunkte der

Fahrkarten von dem Endlospapier in einem weniger starken Papierbereich liegen, ist für die Haltbarkeit der Abschlagmesser von Vorteil.

3.2 Umsetzung

Zur Umsetzung wurde die Papierführung im Fahrkartenautomat überarbeitet, um die oben erwähnten Störgrößen im Papierweg von vornherein zu minimieren. Zur Verringerung der oben beschriebenen Lastwechsel auf den Förderantrieb wurde eine Umlenkrolle gefedert gelagert. Durch diese Feder werden die Lastwechsel verringert, die durch die Papierdickeschwankungen des Fahrkartenpapiers bei unterschiedlichen Umlenkradien um die Umlenkrolle entstehen. Abbildung 1 verdeutlicht die schematische Darstellung der Umlenkrolle.

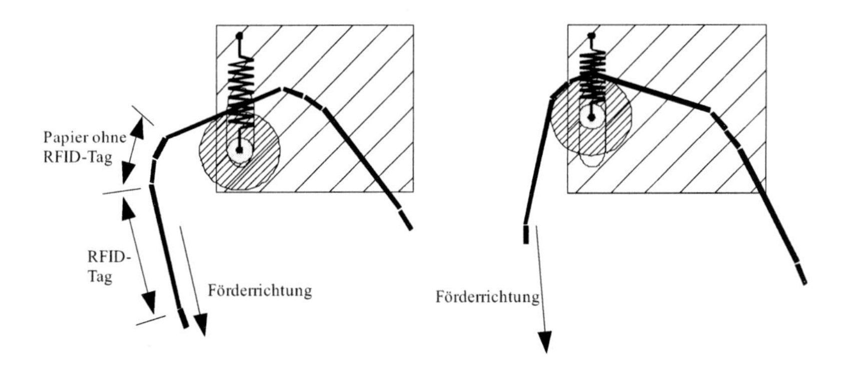

Abb. 1: Schematische Darstellung der Umlenkrolle, Quelle: Eigene Darstellung

Die RFID-Antenne wurde in den Papierlauf des Druckers integriert. Die Antenne des RFID-Readers wurde auf Stellschrauben über der Papierbahn platziert, um ggf. den optimalen Abstand zwischen dem im Fahrkartenpapier und der RFID-Antenne nachjustieren zu können. Zur Verringerung von Störeinflüssen wurde ein Großteil der Antennenaufnahme aus Kunststoff konstruiert. Um eine eindeutige Auswertung eines Tags auf dem Endlospapier gewährleisten zu können, wurden Metallbleche vor und hinter das Auswertungsfenster gesetzt.

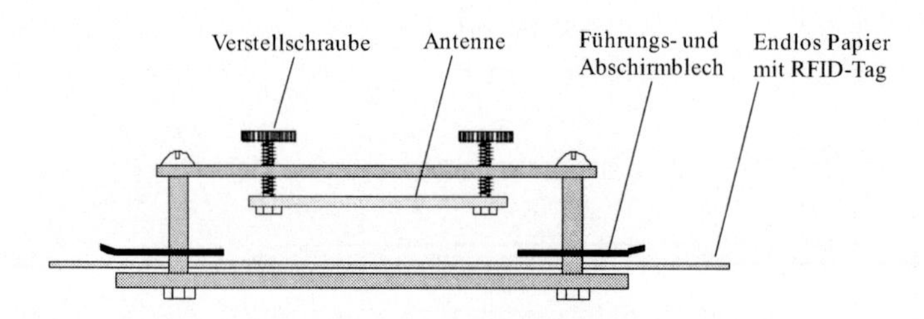

Abb. 2: Vereinfachte Darstellung der Antennenaufnahme im Fahrkartenautomaten, Quelle: Eigene Darstellung

Zur optimalen Auswertung der gedruckten RFID-Tags befindet sich die Antenne direkt über dem geduckten RFID-Tag des Fahrscheinpapiers (Abbildung 2). Eine Papierförderbewegung des Fahrkartenpapiers ist bei der Auswertung des RFID-Tags eher störend. Um die Wartezeit des Kunden vor dem Fahrkartenautomaten zu minimieren, sind ein schneller Druck und damit auch eine schnelle Papierförderung von Vorteil. Um diesen konträren Anforderungen gerecht zu werden, wird die Antenne über ein Langloch einmalig zur Abschlagkante des Papiers manuell justiert. Diese Abstimmung zwischen Abschlagstelle und Antenne erlaubt es, die Prozessschritte zeitlich zu entkoppeln. Der RFID-Tag kann nun lange vor dem Druckprozess ausgewertet werden. Während des Druckprozesses wird der zuvor ausgewertete Wert zur Signierung des Drucks auf die Fahrkarte gedruckt. Das Lesegerät der Fa. PolyIC ist abseits der Antenne im Automaten platziert und transkodiert die detektierten Signale. Die Ansteuerung des Lesegerätes geschieht seriell über eine RS232-Schnittstelle.

Die alternative Papierführung kann aufgrund der Nutzung von Endlospapier ausschließlich nach dem Abschlag der Fahrkarte vom Endlospapier greifen. Anstatt die Fahrkarte mit dem gedruckten RFID-Tag in die Ausgabeschale zu leiten, wird die Fahrkarte mit dem nicht erkannten oder defekten RFID-Tag in einen Auffangkorb zwischen der Ausgabeschale und dem Drucker geleitet.

In der Abbildung 3 wird die Ausgabeschale mit der Papierwegumschaltung dargestellt. Die Zeichnungen in der Abbildung 3 stellen die Ausgabeschale von hinten, aus dem Automateninneren, dar. Im linken Bild wird der Papierweg für die intakten Fahrkarten dargestellt. Auf dem rechten Bild ist die Papierwegumschaltung umgelegt, um die funktionslosen Fahrkarten zu entnehmen.

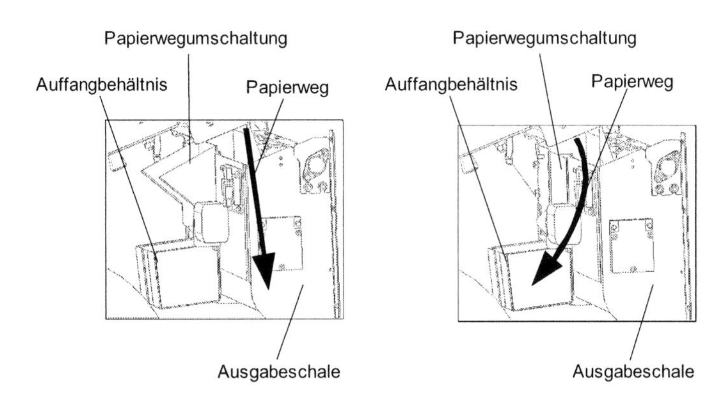

Abb. 3: Darstellung Papierwegumschaltung, Quelle: Eigene Darstellung

4. Spezielles Papier

Das für den Betrieb des Automaten notwendige Fahrkartenpapier wurde im Laufe des Projektes für den Einsatz im Fahrkartenautomaten optimiert. Bei den Versuchen mit dem Papier hat sich gezeigt, dass das Relief des gedruckten RFID-Tags Inlays einen Einfluss auf die Druckqualität ausübt. Obwohl sich die Ausprägung des Reliefs bei den Testpapiergenerationen insgesamt verringert hat, sollte bei einem Einsatz des Papiers das Relief berücksichtigt werden. Bei einem Papierstärkenübergang ändert sich der Abstand der Thermodruckzeile zum Papier. Mit der Abstandsvergrößerung der Thermodruckzeile zum Papier wird das Papier weniger geschwärzt. Dieser Schwachpunkt in der Verarbeitung ist besonders hervorstechend, wenn das Papier nur leicht geschwärzt werden soll. Mit geeigneten Maßnahmen bei der Bedruckung der Fahrkarte, wie zum Beispiel die generelle Erhöhung der Schwärzung oder Änderung des Bedruckungslayouts, kann dieser Schwachpunkt aber gut kompensiert werden.

5. Fazit

Die derzeitig genutzten Prototypen von gedruckten RFID-Tags können nur als Zwischenlösung zu einer optimalen Nutzung der gedruckten RFID-Technik im Bereich des Ticketing gesehen werden. Mit der, in diesem Beitrag aufgezeigten Technik kann der Prototyp als Sicherheitsmerkmal für Fahrscheine genutzt werden. Damit ist zwar das Papier gegen Fälschungsversuche relativ gut geschützt, allerdings werden so nicht die vollen Nutzungsmöglichkeiten der RFID-Technik ausgenutzt. Die konsequente nächste Entwicklungsstufe zur Nutzung der gedruckten RFID-Technik in Fahrscheinen würde ein programmierbarer Nur-Lese-Speicher darstellen, auf denen spezifische Details des ausgestellten Tickets hinterlegt werden, die bei Kontrollen mit den gedruckten Ticketdaten verglichen werden können.

Literatur

Boedicker, D. (2006): Man kauft sie mit! Eine kurze Einführung in die Radio-Frequenzidentifikation (RFID), in: RFID – Radio Frequency Idenfification: Die cleveren Dinge für Überall – oder wir im Netz der Dinge, S. 5-10.

Finkenzeller, K. (2002): RFID Handbook: Fundamentals and Applications in Contactless Smart Cards and Identification, 3. Auflage, Hanser, München.

Franke, W.; Dangelmaier, W. (2006): RFID-Leitfaden für die Logistik: Anwendungsgebiete, Einsatzmöglichkeiten, Integration, Praxisbeispiele, Gabler, Wiesbaden.

Wissendheit, U.; Kuznetsova, D. (2006): RFID-Anwendungen heute und morgen, in: RFID – Radio Frequency Idenfification: Die cleveren Dinge für Überall – oder wir im Netz der Dinge, S. 17-25.

Integration und Anwendung von pRFID in Sicherheitsdokumenten

Oliver Muth

Inhaltsverzeichnis

1. Einleitung

Dokumente wie der deutsche Personalausweis und Reisepässe aus der Bundesdruckerei enthalten innovative Sicherheitsmerkmale, die eine Fälschung des Dokumentes fast unmöglich machen. Allein die Aufrechterhaltung und Erweiterung der Sicherheitssysteme ist eine ständige Herausforderung. In diesem Zusammenhang wird auch die RFID-Technologie als Sicherheitsmerkmal von Reisepässen oder Personalausweisen diskutiert (vgl. z.B. Beel/Gipp 2005; Bovenschulte et al. 2007; Wissendheit/Kuznetsova 2006, S. 21). Allerdings ist bis heute weltweit kein einziges Personaldokument bekannt, welches über vollgedruckte polymerelektronische Speicherelemente verfügt.

Mit der zusätzlichen Aufnahme von Biometrie und der Integration von verschiedenen Speichermedien in Dokumente ist man in der Lage, eine neue Generation von ID-Dokumenten anzubieten – vom papierbasierten Dokument bis hin zur Smartcard. Bei den Smartcards handelt es sich beispielsweise um Polycarbonat-Aufbauten, in welche Halbleitermodule für die Speicherung der biometrischen bzw. personengebundenen Daten integriert sind. Die Kommunikation mit entsprechenden Systemkomponenten erfolgt kontaktlos (RFID), kontaktbehaftet oder im Dual Interface-Betrieb. Um unbefugten Zugriff zu vermeiden, werden kryptographische Verfahren angewandt, welche wiederum einen bestimmten Ressourcenverbrauch hinsichtlich Prozessor- und Speicherkapazität nach sich ziehen.

2. Zielsetzung

Ziel dieser Arbeiten war die Implementierung, Prüfung und Anwendung vollgedruckter polymerer RFID (pRFID) in Wert- und Sicherheitsdokumenten. Aus Gründen der Kompatibilität mit bestehenden Systemen wurden die Untersuchungen auf HF (Hoch-Frequenz) Tags mit einer Trägerfrequenz von 13,56 MHz beschränkt. Im Rahmen des Verbundvorhabens ergaben sich folgende Aufgaben:

a) Erarbeitung der Spezifikationen und Definition von Testvehikeln.
b) Auf- bzw. Einbringung in Produkte. Als Modellprodukte dienen temporäre, papierbasierte Personal (ID)-Produkte sowie kunststoffbasierte Smartcards.
c) Prüfung ausgewählter Testvehikel in Anlehnung an Dokumenten-Normen wie die ISO 7810 bzw. der ISO 14443.
d) Auslesung der Tags und elektrische Charakterisierung.
e) Feldversuch: Simulation eines Zugangsszenarios.

3. Spezifikationen und Definitionen von Testvehikeln

Elektronische Dokumente mit kontaktloser Schnittstelle müssen den einschlägigen Richtlinien, Normen und Empfehlungen der Europäischen Union, ISO und ICAO (International Civil Aviation Organisation) genügen. Hervorzuheben sind hier insbesondere die ISO 14443 und die ISO 7810.

Bei der Herstellung von Wert- und Sicherheitsdokumenten kommen die unterschiedlichsten Materialien zum Einsatz. Das Spektrum reicht von reinen papierbasierten Dokumenten (z. B. Visasticker) bis hin zu hochintegrierten Kunststoffkarten (elektronischer Personalausweis) oder Verbundmaterialien aus Kunststoff und Papier (z. B. Reisepass). Aus diesem Grunde wurden drei unterschiedliche Testvehikel definiert, nämlich

a) Papierummantelte Inlays
b) Specimen-Passbuch
c) Specimen-Kunststoffkarte.

Den Schwerpunkt der Untersuchungen bildeten Specimenkarten aus Kunststoff im sogenannten ID-1-Format (= 86 x 54 mm), für die entsprechend bemaßte pRFID Inlays gefertigt werden mussten.

4. Integration in ID-Dokumente

ID-Dokumente dokumentieren die Identität des Dokumenteninhabers und müssen besonders gegen Verfälschungen und Manipulationen geschützt sein. Je nach Einsatz muss darüber hinaus noch eine bestimmte Lebensdauer gewährleistet sein, die von einem Tag bis zu zehn Jahren oder mehr reichen kann. Das bedeutet, dass die Bestandteile eines ID-Dokumentes nach Zusammenfügen eine geschlossene Einheit bilden, die nur unter Zerstörung des Dokumentes manipulierbar sind. Bei der Integration von pRFID Elementen lag das Hauptaugenmerk daher auf der Untersuchung der notwendigen Fertigungsprozesse unter Beibehaltung der Funktionalität des polymerelektronischen Bauteils. Schwerpunkt bildeten dabei Untersuchungen zur Kompatibilität der verwendeten Materialien als auch Ermittlung geeigneter Prozessparameter zum Fügen der entsprechenden Testvehikel.

Die Integration erfolgte überwiegend mit sogenannten RF-Elementen, welche als Inlay mit einer Polyesteroberfläche geliefert wurden und welche lediglich über eine einfache elektrische Funktionalität verfügten. Später wurden dann auch auf dieser Materialbasis Ringoszillatoren als Vorstufe eines Transponders zur Verfügung gestellt. Die elektrische Funktionalität wurde vor und nach Integration gemessen, um Aussagen zur Ausbeute zu erhalten. Dazu wurden insbesondere die Resonanzfrequenz (f_{res}), die Impendanz (Ω) und die Betriebsgüte Q gemessen.

4.1 Grundlegende Voruntersuchungen

Bei der Fügung von Dokumenten spielen insbesondere die Applizierung von Druck und Temperatur eine wichtige Rolle. Diese beiden Parameter bestimmen letztendlich, welche Fügemethode überhaupt applizierbar ist. Zur Ermittlung der Drucktoleranz wurde ein „worst-case-szenario“ angewendet, bei denen die RF-inlays auf Velinpapier (Testvehikel für Wert- und Sicherheitspapiere) fixiert und mit einer Sticktiefdruck-Presse (Ormag Masterproof) sowohl mit als auch ohne Farbe überdruckt. Dabei herrscht ein hoher Druck und die Druckplatte weist Vertiefungen bis zu

60 µm auf, welches einen zusätzlichen mechanischen Stress bedeutet. Abbildung 1 zeigt das Druckmuster und die Lage des RF-inlays auf der Rückseite. Bei der Guillochenstruktur in der Mitte ist die mechanische Belastung am größten und dort ist auch der Kondensator des Inlays platziert. Die elektrische Charakterisierung ergab, dass 75 % der RF-Elemente noch funktionsfähig waren und sich im Rahmen der Messungenauigkeit die Resonanzfrequenz nicht wesentlich verändert hatte.

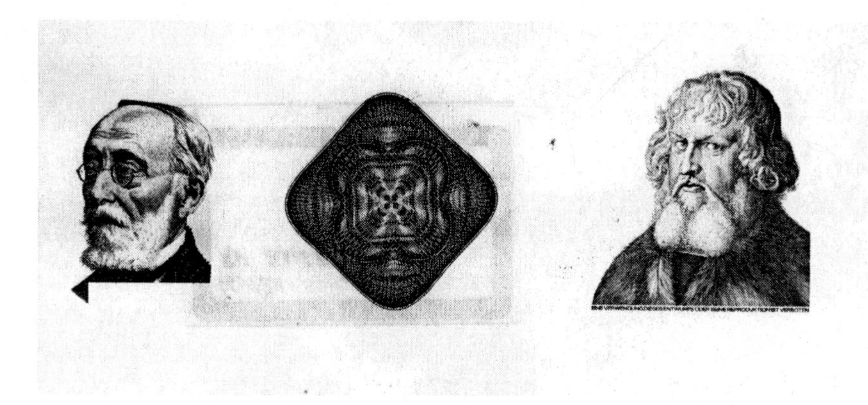

Abb. 1: Überdruck eines RF-inlays im Stichtiefdruck; Quelle: Bundesdruckerei

Die Temperaturstabilität wurde ermittelt, indem zufällig ausgewählte RF-inlays für zehn Minuten auf eine temperierte Platte gelegt und danach die Resonanzfrequenz gemessen wurden. Wie in Abbildung 2 gezeigt, erwiesen sich dabei 120 °C als maximale Grenze, bei der die Inlays ohne Funktionsverlust gehandhabt werden können. Kurzzeitig sind durchaus höhere Temperaturen möglich.

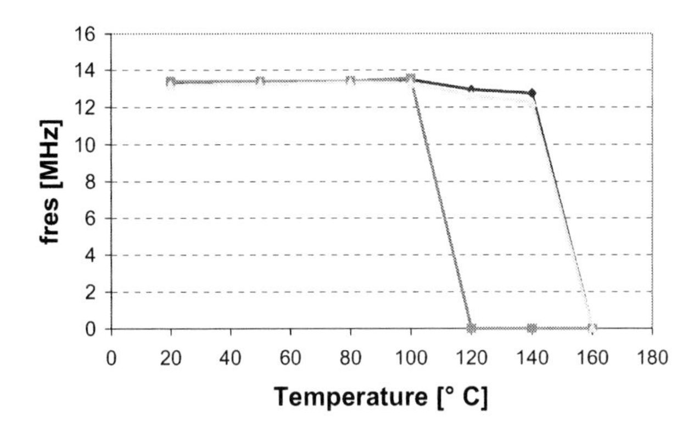

Abb. 2: Resonanzfrequenz in Abhängigkeit der Temperatur, Quelle: Bundesdruckerei

4.2 Papierummantelte Inlays

Für einen öffentlichen Feldtest wurden papierummantelte Inlays gemäß Abbildung 3 produziert, bei denen dass Rolle-zu-Rolle Kaschierverfahren Anwendung fand. Auf eine vorbedruckte Papierbahn wurden die Inlays gespendet und mit einer weiteren Papierbahn kaschiert. Zum Fügen wurde ein Heißleim bei Temperaturen > 180°C verarbeitet. Aufgrund der Prozessgeschwindigkeit von ca. 60 m/min war die eigentliche Einwirkzeit bei dieser Temperatur relativ gering, so dass eine Ausbeute von ca. 80 % erreicht wurde. Insgesamt wurden über 3.700 Muster gefertigt.

Abb. 3: Papierummantelte pRF-Inlays, links = Vorderseite, rechts = Rückseite, Quelle: Bundesdruckerei

4.3 Specimen-Passbuch

Für diese Untersuchungen wurde ein 48-Seiten Passbuch mit einer unpersonalisierten Datenseite für Ink-Jet-Personalisierung und einer sogenannten Flexdecke gewählt (Vgl. Abbildung 4). Die Integration der Inlays erfolgte ebenfalls über ein Heißleimverfahren, bei dem das Inlay auf dem Vorsatzpapier fixiert wird und von außen mit der eigentlichen Passdecke verklebt wird. Auch hier ist die eigentliche Temperatureinwirkung zeitlich auf < 30 s begrenzt. Die eingehende elektrische Charakterisierung ergab eine Ausbeute von 95%, eine Absenkung der durchschnittlichen Resonanzfrequenz von 15,14 MHz auf 15,02 MHz sowie der Güte von 24,9 auf 22,3. Bzgl. der Resonanzfrequenz wird dieses Verhalten auch bei konventionellen RFID Dokumentenaufbauten beobachtet und die Antennengüte ist in beiden Fällen für ePass Applikationen mehr als ausreichend.

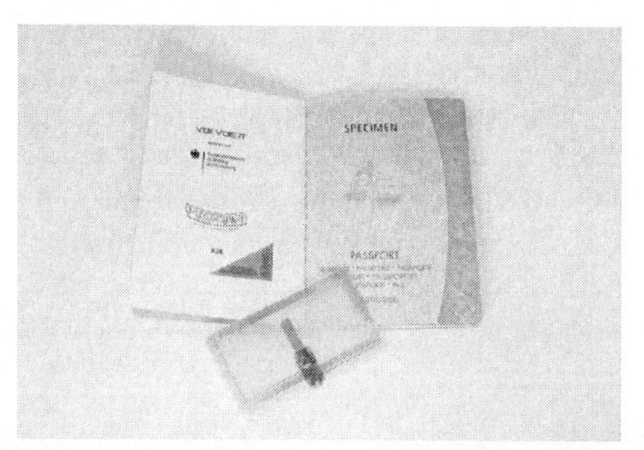

Abb. 4: pRF-Inlays vor und nach Integration in Passbuchdecke, Quelle: Bundesdruckerei

4.4 Specimen-Kunststoffkarte

Smart Cards bzw. Hochsicherheitskarten wie z. B. der deutsche EU-Kartenführerschein werden überwiegend über das Laminationsverfahren hergestellt. Dabei werden Inlays, Kernfolien und Overlayfolien in einer Presse unter Ausnutzung eines geeigneten Zeit-, Temperatur- und Druck-Profils zu einem geschlossen Kartenkörper zusammen gefügt. Eine so dargestellte Smart Card besteht aus 6 – 15 Folienschichten. Sämtliche Folien können dabei mit den einschlägig bekannten Sicherheitsmerkmalen wie Fluoreszenzfarben, optisch variablen Tinten, diffraktiven Strukturen (z. B. Hologramme), Guillochen, Irisfarbverlauf u. v. m. ausgestattet sein.

Neben den für Smartcards weitverbreiteten Materialien wie Polyvinylchlorid (PVC) oder Acrynitril-Butadien-Styrol (ABS) wird insbesondere Polycarbonat (PC) auf der Basis von Bisphenol-A eingesetzt. PC-basierte Karten/Dokumente zeichnen sich durch eine hohe Umweltrobustheit und Zuverlässigkeit aus, sie sind

- schlagzäh
- hochtemperaturstabil
- hochtransparent.

Selbst bei temporären Produkten wie Zugangsberechtigungen greift man gerne auf dieses Material zurück. Der Schwerpunkt der nachfolgenden Untersuchungen wurde daher auf die Specimen-Kunststoffkarte gelegt.

Um Polycarbonat zu fügen, bedarf es beim Laminieren Temperaturen > 150°C und spezifischen Drücken (am Werkstück) > 5 bar bei Prozesszeiten > 10 min. Eine direkte Einbringung in PC-Aufbauten war daher nicht möglich. Alle Versuche in diese Richtung führten zur vollständigen Zerstörung des pRF-Bauteils, da dessen Komponenten bei den o. g. Bedingungen fluide waren und sämtliche Strukturierung verloren ging.

In systematischen Arbeiten und unter Modifizierung von Materialien und Prozessen gelang die Herstellung einer Specimen-Kunststoffkarte, welche über einschlägige Sicherheitsmerkmale (u. a. Irisdruck, Photolumineszenzfarbe, Mikroschrift, optisch variable Farbe) verfügt und welche über das sogenannte Laserengraving-Verfahren personalisiert werden kann. Die Rückseite dieser Karte wurde teiltransparent gestaltet, um nachfolgende Untersuchungen zu erleichtern (Vgl. Abbildung 5).

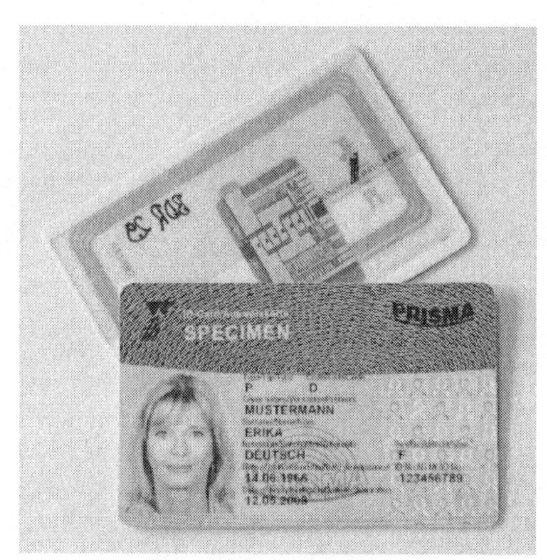

Abbildung 5: Specimen-Kunststoffkarte mit integriertem polymeren Ringoszillator, Quelle: Bundesdruckerei

Die Ausbeute an funktionierenden Mustern betrug nach Lamination 80 %. Die Resonanzfrequenz blieb nahezu unverändert bei 12,8 MHz. Die Impedanz sank von 29,2 auf 21 Ohm und die Güte verminderte sich von 18,5 auf 14,0. Eine detaillierte Betrachtung der Rohdaten legt den Schluss nahe, dass die gleichzeitige Einwirkung von Druck und Temperatur den Bauelementen mehr schaden kann als die Einwirkung von Temperatur oder Druck allein.

Bei der Integration von pRO (printed Ringoszillators) konnten unter Beibehaltung der Prozessparameter keine funktionierenden Kartenmuster erzeugt werden. Dies bedeutet, dass bei der Integration komplexer, vollgedruckter elektronischer Bauteile noch geeignete Materialkombinationen und Fügeverfahren untersucht werden müssen.

5. Prüfung ausgewählter Testvehikel

Je nach Dokumententyp und Kundenanforderung erfordert eine vollständige Qualifikation bis zu 50 Einzelprüfungen an mehreren hundert Prüfmustern. Aus dem Portfolio an Prüfungen wurden die härtesten Prüfungen ausgewählt und an den o. g. Specimenkarten vollzogen. Die papierummantelten Inlays stellen per se kein Sicherheitsdokument dar und wurden deshalb außen vor gelassen. Folgende Prüfungen wurden ausgewählt:

- Dynamische Biegeprüfung (4 x 250, ISO-10373)
- Dynamische Torsionsprüfung (1000 Torsionen, ISO-10373)
- Klimalagerung (85°C, 85% r.H., 168 h)
- Waschmaschinentest (95° C Kochwäsche)
- Schälfestigkeit, Delaminierung

Die ersten vier Prüfungen stellen typische Belastungssimulationen im Lebenszyklus eines Dokumentes dar, der fünfte Test ist eine Prüfung der Manipulationssicherheit.

Die Biegeprüfung erfolgt automatisiert in entsprechenden Prüfgeräten (vgl. Abbildung 6). Bei der Biegeprüfung werden sowohl horizontal als auch vertikal für beide Seiten pro Symmetrieachse 250 Biegungen durchgeführt. Der Biegeradius beträgt dabei ca. 3 cm. Bei der Torsionsprüfung werden die Karten in Querrichtung fixiert und die Seitenkanten um ca. 2 cm verdreht (1000 x).

Abb. 6: Mechanische Prüfungen: Biegeprüfung (links) und Torsionsprüfung (rechts); Quelle: Bundesdruckerei

Bei der elektrischen Charakterisierung erwiesen sich ca. 40 % der mechanisch geprüften Muster als instabil, bei den übrigen beobachtete man keine signifikanten Änderungen der Resonanzfrequenz, der Impedanz und der Güte.

Die 95 °C Kochwäsche und die Klimalagerung strapazierte die Specimenkarten erwartungsgemäß derart, so dass nur noch vereinzelt funktionsfähige Muster nachgewiesen werden konnten.

Beim Schältest wird die Haftung einzelner Folienlagen zueinander bestimmt. Die untersuchten Muster zeigten Scherkräfte zwischen 0,5 N/cm und 3,5 N /cm. Damit genügen sie den ICAO-Anforderungen an ID-3 Karten, aber noch nicht den Anforderungen der ISO 10373, die eine Abzugskraft von mindestens 3,5 N / cm für ID-1 Karten vorschreibt.

6. Feldtest Bundesdruckerei

Der Feldtest der Bundesdruckerei beinhaltet als Kern ein Zugangsszenario. Zugangssysteme gewähren bestimmten Personen oder Personenkreisen den Zutritt zu bestimmten Räumen, Gebäuden oder sonstigen abgeschlossenen Bereichen durch Prüfung einer Authorisierungsinformation. Diese Authorisierungsinformation kann einerseits geheimer Natur sein (z. B. ein Kennwort oder ähnliches), oder sie kann öffentlich, dann typischerweise aber personenbezogen sein (z. B. biometrische Information oder einfach auch nur das Vorhandensein eines bestimmten Namens auf einer Authorisierungsliste).

Bei der Verwendung von öffentlichen Authentisierungsinformationen gibt es entweder die Möglichkeit einer zentralen Speicherung der Informationen innerhalb des Zugangskontrollsystems oder aber die dezentrale Speicherung der Information etwa auf Smartcards, die an die Benutzer ausgegeben werden. Die dezentrale Lösung hat insbesondere in einem Kontext, in dem Fragen des Datenschutzes eine besondere Rolle spielen und daher eine zentrale Speicherung zentraler Art nicht opportun ist, große Vorteile.

Wird die zentrale Speicherung umgesetzt, so muss der Benutzer im Rahmen des Zugangsprozesses dem System eine Kennung übermitteln, mithilfe der das Zugangskontrollsystem die für den Verifikationsprozess benötigten Referenzdaten aus dem System abrufen kann.

Damit ergibt sich bei der Verwendung einer kontaktlosen Chipkarte der folgende, grundlegende Ablauf des Zugangsprozesses:

- Der Benutzer identifiziert sich am System mittels der kontaktlosen Chipkarte.
- Das System liest entweder die biometrischen Daten aus der Karte aus (dezentrale Speicherung) oder ruft die biometrischen aus der zentralen Speicherinstanz ab, hierbei kommt eine systeminterne eindeutige Seriennummer zum Einsatz, die auf der Chipkarte gespeichert ist bzw. zur Verfügung gestellt wird.
- Das System nimmt die biometrischen Daten des Benutzers auf.
- Das System vergleicht die biometrischen Daten mit den gespeicherten Daten.
- Im Erfolgsfall gibt das System den Zugang frei.

Sieht man nämlich von der dezentralen Speicherung der biometrischen Daten ab, so muss die Chipkarte lediglich eine systemeindeutige Seriennummer zur Verfügung stellen. Hierfür reicht ein Speicherplatz von wenigen Byte aus.

Aufgrund fehlenden Speichers der zur Verfügung stehenden Tags konnte das oben geplante Szenario lediglich simuliert werden. Dazu wurden in der Bundesdruckerei im Rahmen der „Langen Nacht der Wissenschaften“ am 14.06.2008 Papierummantelte Inlays ausgegeben und diese an einem Gate mit Reader (Vgl. Abbildung 7) ausgelesen. Der Reader war dabei so programmiert, dass er gewöhnliche kontaktlose Smartcards als falsch erkennt und pRF-Elemente als systemeindeutige Kennung akzeptiert. Eine erfolgreiche Authentifizierung wurde durch eine grüne LED-Anzeige und einen entsprechenden Signalton angezeigt.

Abb. 7: Zugangsgate im Bundesdruckerei Feldtest; Quelle: Bundesdruckerei

Insgesamt beteiligten sich über 800 Besucher an diesem Feldtest und aufgrund von Mehrfachnutzung wurden ca. 1000 Tags erfolgreich gelesen. Die detaillierte Auswertung ergab eine positive Erkennung von 80%, welches konsistent mit den übrigen Beobachtungen ist. Dieses im Feldtest vorgestellte Gate ist fester Bestandteil des Bundesdruckerei internen Showrooms und ermöglicht es, die neuesten Entwicklungen bzgl. pRFID gleich im Praxistest zu überprüfen.

7. Zusammenfassung

Im Rahmen des BMBF-Förderprojektes Prisma gelang es erstmals, voll gedruckte pRF Elemente in Sicherheitsdokumente zu integrieren. Für den Aufbau dieser Muster war die Entwicklung eines modifizierten Verfahrens speziell zur Herstellung von Smartcards notwendig. Darüber hinaus wurden neuartige Materialkombinationen als auch veränderte Prozessparameter ermittelt, die reproduzierbar zu funktionsfähigen Kartenmustern führten.

Einfache pRF Elemente erwiesen sich als stabil gegenüber Druck und weniger stabil bei Temperaturen > 100 °C . Komplexere vollgedruckte Bauteile konnten dagegen nicht unter Beibehaltung der Funktionalität integriert werden. Dies macht weitere Untersuchungen notwendig. Darüber hinaus ist ein gewisser Speicherplatz notwendig, um sinnvolle Anwendungen zu bedienen.

Die Integration organischer bzw. polytronischer Bauelemente in Smartcards ist prinzipiell möglich, wie andere Arbeiten zur Integration bistabiler Displays in ID-Dokumente zeigen (vgl. Fischer et al. 2007; Fischer 2008). Dabei handelt es um eine Hybridvorgehensweise, welche sowohl konventionelle (IC) als auch polymerelektronische (Display) Komponenten enthält. Zur erfolgreichen Integration von vollgedruckten pRFID sind einerseits die Weiterentwicklung der Tags als solche als auch modifizierte Materialien und Prozesse notwendig.

8. Literaturverzeichnis

BEEL, J.; GIPP, B. (2005): EPASS: DER NEUE BIOMETRISCHE REISEPASS: EINE ANALYSE DER DATENSICHERHEIT, DES DATENSCHUTZES SOWIE DER CHANCEN UND RISIKEN, SHAKER: AACHEN.

BOVENSCHULTE, M.; GABRIEL, P.; GAßNER, K.; SEIDEL, U. (2007): RFID: POTENZIALE FÜR DEUTSCHLAND: STAND UND PERSPEKTIVEN VON ANWENDUNGEN AUF BASIS DER RADIOFREQUENZ-IDENTIFIKATION AUF DEN NATIONALEN UND INTERNATIONALEN MÄRKTEN, STUDIE IM AUFTRAG DES BUNDESMINISTERIUMS FÜR WIRTSCHAFT UND TECHNOLOGIE.

FISCHER, J.; MUTH, O.; MATHEA, A.; PAESCHKE, M. (2007): PRINTED ELECTRONICS AND DISPLAYS ON ID DOCUMENTS, ORGANIC ELECTRONIC CONFERENCE 2007, FRANKFURT AM MAIN, GERMANY

FISCHER, J. (2008): DISPLAYS ID DOCUMENTS, GLOBAL FLAT PANEL DISPLAY CONFERENCE MIYAZI, JAPAN

WISSENSENDHEIT, U.; KUZNETSOVA, D. (2006): RFID-ANWENDUNGEN HEUTE UND MORGEN, IN: RFID-RADIO FREQUENCY IDENTIFICATION, VERÖFFENTLICHT IM INTERNET: HTTP://WWW.FIFF.DE, S. 17-25.

Autorenverzeichnis

Autorinnen und Autoren dieses Herausgeberbandes

Dipl. Kfm. Ulrich Bretschneider studierte Wirtschaftswissenschaften an der Universität Paderborn. Er ist wissenschaftlicher Mitarbeiter am Lehrstuhl für Wirtschaftsinformatik (Prof. Dr. H. Krcmar) der Technischen Universität München. Dort forscht er u. a. im Rahmen des Forschungsprojektes PRISMA im Bereich der Technologieakzeptanz von RFID-Systemen.

Michael Charles ist Projektleiter in der Abteilung Forschung und Entwicklung bei der Höft&Wessel AG. Neben seiner Tätigkeit als Projektleiter entwickelt er technische Konzepte im Bereich des Ticketing und der dazugehörigen EDV.

Dr. Wolfgang Clemens ist Prokurist und Leiter der Abteilung Applications der PolyIC GmbH & Co. KG, einem Verbundunternehmen der Siemens AG (49%) und der Leonhard Kurz Stiftung & Co. KG (51%). Sein Aufgabengebiet ist die Implementierung gedruckter Elektronik-Systeme für den Markt mit Produktschwerpunkten gedruckte RFID Systeme (PolyID®) und gedruckte Smart Objects (PolyLogo®). Er ist Co-Autor mehrerer Veröffentlichungen zum Thema gedruckte Elektronik.

Dipl. Ing. Matthias R. Klusmann ist als Entwicklungsingenieur bei PolyIC GmbH & Co. KG, einem Verbundunternehmen der Siemens AG (49%) und der Leonhard Kurz Stiftung & Co. KG (51%) tätig. Er betreute die Koordination des Forschungsprojektes PRISMA.

Univ.-Prof. Dr. Helmut Krcmar ist Inhaber des Lehrstuhls für Wirtschaftsinformatik am Institut für Informatik der Technischen Universität München. Seine Forschungsinteressen liegen vor allem im Bereich Informations- und Wissensmanagement. Darüber hinaus interessiert sich Prof. Krcmar für das Forschungsfeld Ubiquitous Computing und RFID. An seinem Lehrstuhl wurden verschiedene Forschungsthemen und -aktivitäten zum Thema RFID behandelt, u. a. auch das vom Bundesministerium für Bildung und Forschung geförderte Forschungsprojekt PRISMA.

Dipl. Ing. Frank Lahner studierte Elektrotechnik an der Technischen Universität Chemnitz. Er ist Mitarbeiter der Siemens AG im Sektor Industry. Die Entwicklung von Sensoren für die Fertigungsautomatisierung und Systemen zur Identifikation zählen zu seinem Aufgabenbereich.

Univ.-Prof. Dr. Jan Marco Leimeister ist Inhaber des Lehrstuhls für Wirtschaftsinformatik an der Universität Kassel. Darüber hinaus leitet Prof. Leimeister am Lehrstuhl für Wirtschaftsinformatik im Institut für Informatik der Technischen Universität München Forschungsgruppen zu u. a. Mobile and Ubiquitous Computing. Seine Forschungsschwerpunkte in diesem Bereich umfassen die Anwendungsinnovationsentwicklung und Akzeptanzforschung von RFID- und NFC-Systemen.

Dr.-Ing. Norbert Lutz studierte Elektrotechnik an der Friedrich-Alexander-Universität Erlangen-Nürnberg. Nach Tätigkeiten als wissenschaftlicher Mitarbeiter am Lehrstuhl für Fertigungstechnologie (Prof. Dr.-Ing. Dr.-Ing. E.h. mult. Dr. h.c. mult. Manfred Geiger) an der Friedrich-Alexander-Universität Erlangen-Nürnberg und dem Bayerischen Laserzentrum, Erlangen, ist er bei der Firma Leonhard Kurz Stiftung & Co. KG, Fürth, für den Bereich Laseranwendungen verantwortlich. Er leitete den Aufbau der Prozesstechnologie für das Bonding und die Messtechnik.

Dr. Oliver Muth arbeitet als Senior Scientist Security Solutions im Bereich Technology Innovations der Bundesdruckerei GmbH in Berlin. Hier beschäftigt er sich mit der Entwicklung von neuartigen Sicherheits-Systemlösungen für Wert- und Sicherheitsdokumente. Ein Schwerpunkt dabei bildet die Integration und Anwendung sowohl von konventionellen als auch gedruckten elektronischen Komponenten.

Dipl. Ing. (FH) Gabriele Roithmeier studierte Technische Chemie an der Georg-Simon-Ohm Fachhochschule Nürnberg. Sie ist bei der Firma Leonhard Kurz Stiftung & Co. KG, Fürth, im Projektmanagement tätig und betreut u. a. Entwicklungsprojekte, deren Inhalt und Ziel es ist, neue Folienmerkmale zu generieren.

Dipl. Ing. (FH) Stefan Scheller studierte Druck- und Medientechnik an der Fachhochschule München. Er arbeitet im Bereich Projektmanagement, Produktentwicklung sowie Business Development bei der BARTSCH International GmbH. Der Schwerpunkt seiner Aufgaben liegt im Bereich RFID-Printprodukte und RFID-Systeme.

Dr.-Ing. Peter Thamm ist Mitarbeiter der Siemens AG im Sektor Industry. Dort leitet er im Segment Factory Sensors eine Entwicklungsgruppe im Bereich Basistechnologien und Systemthemen. Inhaltliche Schwerpunkte dieser Entwicklungsgruppe sind drahtgebundene und drahtlose Kommunikation mit Sensoren und neue Sensortechnologien.

EINZELSCHRIFTEN

Oliver Schlüter

Qualitätsmanagement für Outsourcing-Vorhaben in der Logistik – Strategisches Vorgehensmodell

Lohmar – Köln 2008 • 272 S. • € 58,- (D) • ISBN 978-3-89936-744-7

Christoph Zulehner

Tagesklinik – Konzeption und Evaluation am Beispiel Augenheilkunde

Lohmar – Köln 2008 • 316 S. • € 62,- (D) • ISBN 978-3-89936-733-1

Boris Mittermüller

Zur wertorientierten Kalibrierung betrieblicher Investitionsprozesse – Eine empirische Untersuchung in europäischen Großunternehmen

Lohmar – Köln 2008 • 280 S. • € 58,- (D) • ISBN 978-3-89936-747-8

Christian Schmitz

Messung der Forschungsleistung in der Betriebswirtschaftslehre auf Basis der ISI-Zitationsindizes – Eine kritische Analyse anhand konzeptioneller Überlegungen und empirischer Befunde

Lohmar – Köln 2008 • 276 S. • € 58,- (D) • ISBN 978-3-89936-755-3

Carsten Märkisch

IT-Integration bei M&A-Projekten – Der prozessorientierte Ansatz

Lohmar – Köln 2008 • 284 S. • € 58,- (D) • ISBN 978-3-89936-757-7

Martin F. Brunner

Neue Plattformen für Publikumszeitschriftenmarken

Lohmar – Köln 2008 • 364 S. • € 64,- (D) • ISBN 978-3-89936-760-7

Jan Marco Leimeister und Helmut Krcmar (Hrsg.)

Gedruckte Polymer-RFID-Transponder – Erste Erfahrungen und Erkenntnisse aus dem Forschungsprojekt PRISMA

Lohmar – Köln 2009 • 132 S. • € 43,- (D) • ISBN 978-3-89936-762-1

JOSEF EUL VERLAG